Keine ZEIT zu GÄRTNERN

BALKONGLÜCK
MIT WENIG AUFWAND

EMF

EIN BUCH DER
EDITION MICHAEL FISCHER

INHALT

Keine Zeit zum Vorziehen

Keine Zeit zu pflegen

Keine Zeit zu genießen

VORWORT

Wenn du dieses Buch in den Händen hältst, gehörst du wahrscheinlich zu den vielen Menschen, die gerne gärtnern würden, aber glauben, dass ihnen der Platz, die Zeit oder beides fehlt. Vielleicht lebst du in der Stadt, hast nur einen kleinen Balkon zur Verfügung und fragst dich, ob es überhaupt möglich ist, auf so kleinem Raum Gemüse, Kräuter und Blumen erfolgreich anzubauen. Die gute Nachricht ist: Ja, das geht – und es ist einfacher, als du denkst!

Meine eigene Reise als Gärtnerin begann auf einem winzigen Balkon in einer Stadtwohnung. Der Wunsch, möglichst viel Ertrag aus der kleinsten Fläche herauszuholen, hat mich dazu gebracht, neue Wege zu finden, wie man auch ohne großen Garten ein kleines, grünes Paradies schaffen kann. In diesem Buch teile ich meine Erfahrungen und zeige dir, dass es keinen großen Garten braucht, um erfolgreich zu gärtnern. Mit den richtigen Tipps und Tricks kannst du deinen Balkon in eine grüne Oase verwandeln, die nicht nur schön aussieht, sondern auch reichlich Ertrag liefert.

Mein Ziel ist es, dich mit diesem Buch zu motivieren und zu inspirieren. Ich möchte, dass du nach der Lektüre das Gefühl hast: Das kann ich auch! Also lass dich anstecken und starte noch heute mit deinem eigenen Balkongarten!

Viel Spaß beim Gärtnern und viel Erfolg mit deinem kleinen, grünen Reich!

Deine Melanie

KAPITEL 01

Grund-LAGEN

SO WIRD DEIN BALKON ZUR WOHLFÜHLOASE

Stell dir vor, wie du dich gemütlich in deinem Liegestuhl entspannst und dabei fruchtige Erdbeeren, aromatische Tomaten oder frischen Salat direkt von den Pflanzen naschst. Dieses kleine Paradies liegt nur wenige Schritte entfernt. Fange dazu mit einer Bestandsaufnahme und einer ersten Pflanzenauswahl anhand der Standortbedingungen auf deinem Balkon an.

CHECKLISTE FÜR DEINEN BALKON

- O **Größe:** Miss deinen Balkon aus, um festzustellen, wie viel Platz du hast.
- O **Nutzung:** Überlege, wie du den Raum nutzen möchtest, z. B. zum Essen, Entspannen oder Gärtnern.
- O **Stabilität:** Überprüfe die Stabilität des Balkongeländers und beachte die Traglast deines Balkons.
- O **Pflanzen:** Überlege dir, welche Gemüse und Kräuter du ernten möchtest. Welche Blumen gefallen dir und welche davon möchtest du auf deinem Balkon pflanzen?
- O **Nachhaltigkeit:** Wäge ab, wenn du dir etwas neu kaufen möchtest, ob du es wirklich brauchst. Vielleicht kannst du dir bestimmte Gerätschaften bei Freunden ausleihen oder gebraucht kaufen? Es gibt vielfältige Möglichkeiten, um nachhaltig zu gärtnern.
- O **Möbel und Deko:** Entscheide, welche Möbel, wie Tische, Stühle oder Liegen, du benötigst, und wähle Deko wie Kissen, Decken oder Teppiche aus.
- O **Sonnenschutz:** Denke über Sonnenschutz nach, wie Sonnenschirme, Sonnensegel oder Markisen.
- O **Beleuchtung:** Berücksichtige Lichtquellen wie Lampen, Laternen oder Lichterketten für die abendliche Nutzung.
- O **Privatsphäre:** Prüfe die Privatsphäre auf deinem Balkon und überlege, ob du Sichtschutzelemente wie Vorhänge oder Pflanzen benötigst.
- O **Wasserversorgung:** Brauchst du eine Gießkanne für das Bewässern deiner Pflanzen oder gibt es sogar einen Wasseranschluss direkt auf dem Balkon?
- O **Ausrichtung:** Nach welcher Himmelsrichtung ist dein Balkon ausgerichtet? Das ist wichtig zu wissen für die Auswahl deiner Pflanzen.
- O **Sonneneinstrahlung und Schattenquellen:** Überprüfe die Sonneneinstrahlung auf deinem Balkon, um festzustellen, wie viel Sonne er erhält. Gibt es natürliche Schattenquellen wie umliegende Bäume oder Gebäude?

HINWEIS

Auch wenn es verlockend ist, deinen Balkon voll mit Pflanzen zu stellen, achte darauf, dass er das Gewicht aushält. Expert*innen empfehlen für angehängte Balkone eine Traglast von 150 kg pro Quadratmeter, für durchbetonierte Balkone 250 kg pro Quadratmeter und bei modernen Balkonen 300 kg pro Quadratmeter. Wenn du dir unsicher bist, frag am besten deinen Vermieter oder deine Vermieterin.

ASPEKTE ZUR AUSWAHL VON PFLANZEN

Nicht jede Pflanze, die du magst und gerne auf deinem Balkon pflanzen würdest, wird zu den vorherrschenden Gegebenheiten passen. Um die richtigen Pflanzen vorzuziehen und zu pflanzen und somit Zeit zu sparen, solltest du den Standort, die Sonnenstunden und die Wetterverhältnisse auf deinem Balkon herausfinden.

STANDORT

Die Lage deines Balkons ist entscheidend dafür, welche Pflanzen sich darauf wohlfühlen. Achte darauf, wie viel Sonne dein Balkon zu verschiedenen Tages- und Jahreszeiten erhält. Einige Pflanzen, wie zum Beispiel Tomaten, benötigen viel Sonnenlicht und Wärme, um gut zu wachsen und Früchte zu tragen. Andere, wie Salate, können bei zu viel direkter Sonneneinstrahlung verbrennen oder vertrocknen, besonders an heißen Sommertagen. Schaue dir auch die

Umgebung an: Gibt es Bäume oder andere Gebäude, die einen Schatten auf deinen Balkon werfen?

WIND UND WETTER

Auf der Wetterseite deines Balkons, wo er starkem Wind und Regen ausgesetzt ist, ist es möglich, dass höhere Pflanzen dem Wind nicht standhalten können. Auch deine Möbel sollten stabil genug sein, um Windböen zu widerstehen. Wände und Böden von Gebäuden speichern Wärme, was im Winter vorteilhaft, aber im Sommer problematisch sein kann. Ein Dachvorsprung bietet Schutz vor Regen von oben, bedeutet aber, dass du deine Pflanzen möglicherweise häufiger gießen musst.

MEIN TIPP

Achte darauf, dass deine Balkonkästen und Dekorationen fest und sicher sind. Hängende Balkonkästen oder Ampeln montierst du besser an der Innenseite des Balkons.

Lichtverhältnisse	Sonnenstunden	Mögliche Pflanzen
Schatten (Nord)	weniger als 3–4 Std.	Blaubeere, Dill, Fleißiges Lieschen, Fuchsien, Kresse, Kerbel, Petersilie, Pflücksalat, Pimpinelle, Schnittlauch, Spinat
Halbschatten (Ost/West)	4–6 Std.	Blumenkohl, Brokkoli, Erbse, Erdbeere, Mangold, Melisse, Minze, Radieschen, Rote Bete
Sonnig (Süden)	mindestens 6 Std.	Aubergine, Geranie, Lavendel, Oregano, Paprika, Petunie, Physalis, Rosmarin, Salbei, Thymian, Tomate, Zucchini

KLEINEN RAUM EFFIZIENT NUTZEN

Auf einem Balkon ist der Platz oft begrenzt. Mit den richtigen Pflanzgefäßen kannst du jedoch das Beste aus dem vorhandenen Raum herausholen.

PLATZSPARENDE LÖSUNGEN

→ **Balkonkästen:** Diese klassischen Pflanzgefäße sind ideal für die Befestigung am Geländer. Sie bieten Platz für eine Vielzahl von Pflanzen und ermöglichen das Gärtnern auf einer angenehmen Höhe.

→ **Große und kleine Töpfe:** Kombiniere große Töpfe für tiefwurzelnde Pflanzen wie Tomaten oder Paprika mit kleinen Töpfen für Kräuter oder Blumen. So nutzt du den verfügbaren Platz optimal aus.

→ **Hängeampeln:** Hängende Töpfe und Ampeln sind eine weitere platzsparende Möglichkeit. Besonders Blumen wachsen gut in Hängeampeln.

→ **Kleine bis mittelgroße Hochbeete:** Die beliebten Pflanzgefäße bieten eine angenehme Arbeitshöhe. Du kannst sie selbst bauen oder fertig kaufen. Hochbeete mit Zwischenboden sparen Erde und Gewicht, da der untere Teil leer bleibt und nur der obere Bereich mit Erde und Pflanzen gefüllt wird.

→ **Hochbeete mit Frühbeetaufsatz:** Dank eines abnehmbaren Deckels wird die Wachstumsperiode verlängert. Es kann früher mit dem Gärtnern losgelegt werden, und junge Pflanzen werden geschützt. Zudem können diese Hochbeete ideal für die Anzucht genutzt werden.

→ **Säcke aus Vlies:** Vliessäcke sind atmungsaktiv und ermöglichen eine gute Drainage. Sie eignen sich ideal für den Anbau von Gemüse und können nach der Saison einfach zusammengefaltet werden.

→ **Bäckerkisten und Klappkisten:** Diese stapelbaren Kisten sind ideal für den Anbau von Gemüse und Kräutern. Sie sind leicht, robust und lassen sich gut transportieren.

→ **Vertikale Gärten:** Nutze die Wände deines Balkons, um Pflanzen in vertikalen Gartenstrukturen anzubauen. Spezielle Pflanzwände oder auch Paletten sind perfekt, um viele Pflanzen auf kleinem Raum unterzubringen.

MEIN TIPP

Achte bei Pflanzgefäßen auch auf das Material. Kunststofftöpfe sind leicht und praktisch, helle Farben minimieren Wärmeaufnahme. Tontöpfe speichern Wasser gut, sind aber schwerer und frostempfindlich.

VOR- UND NACHTEILE DES VERTIKALEN GÄRTNERNS

VORTEILE

- → Platzsparend, optimal für kleine Balkone
- → Die Saison beginnt früher und dauert länger, weil die Hauswand Wärme aufnimmt und abstrahlt.
- → Erleichtert das Gärtnern auf Augenhöhe.
- → Leichterer Zugang zu den Pflanzen
- → Bessere Luftzirkulation
- → Dekorativ und ästhetisch ansprechend

NACHTEILE

- → Kann teurer in der Anschaffung sein.
- → Eingeschränkte Pflanzenauswahl aufgrund der beengten Platzverhältnisse, gerade was die Pflanzenhöhe betrifft
- → Weniger Platz für die Wurzeln
- → Regelmäßige Bewässerung erforderlich
- → Bei Bepflanzung in Etagen bekommen die untersten Pflanzen viel Tropfwasser ab, nicht alle vertragen das.
- → Benötigt sorgfältige Planung und Pflege.

GARTENWERKZEUGE UND MUST-HAVES

Für die Gartenarbeit auf dem Balkon benötigst du selbstverständlich nicht so viele Werkzeuge wie in einem großen Garten. Besonders vorteilhaft sind dabei Geräte mit kurzen Griffen, da diese auch einfacher zu verstauen sind. Mit ihrer kompakten Größe eignen sie sich zum Lockern der Erde in Balkonkästen oder zum Umpflanzen von Setzlingen.

GARTENUTENSILIEN UND IHRE NUTZBARKEIT

Ballbrause	Für die sanfte Bewässerung von Sämlingen und empfindlichen Pflanzen – auch praktisch, um gezielt Flüssigdünger aufzubringen.
Gartenhandschuhe	Schützen die Hände vor Schmutz und Verletzungen.
Gartenschere	Zum Schneiden und Stutzen von Pflanzen, Zweigen und Blüten
Gießkanne	Für die Bewässerung von Pflanzen – eine mit langer Tülle ist besonders praktisch für Balkongärten.
Handschaufel	Zum Ein- und Umpflanzen sowie zum Mischen von Erde in Töpfen und Kübeln
Kleine Harke	Für das Auflockern und Glätten der Erde
Kleiner Besen und Kehrblech	Zum Entfernen von Schmutz und Blättern vom Balkon
Kleiner Eimer	Zum Sammeln von Pflanzenresten, Unkraut oder zum Transport von Erde und Dünger
Messer	Zum Schneiden und Ernten von Kräutern und Gemüsen
Pflanzetiketten	Zum Beschriften und Kennzeichnen von Pflanzen und Saatgut
Pflanzunterlage	Zum Schutz des Balkons vor Schmutz und zur einfachen Reinigung nach dem Einpflanzen
Hand-Sauzahn	Zum Lockern und Belüften des Bodens sowie zum Entfernen von Unkraut und zur Bodenvorbereitung
Sprühflasche	Zum Aufsprühen von biologischen Pflanzenschutzmitteln
Stäbe und Rankhilfen	Aus Holz, Metall oder Kunststoff; zur Stabilisierung und Unterstützung von bspw. Tomaten- und Gurkenpflanzen

MEIN TIPP

Löffel und Gabel sind nicht nur am Esstisch, sondern auch auf dem Balkon nützlich. Sie können als improvisierte Werkzeuge dienen, um Erde in Kästen aufzulockern, wenn keine Gartengeräte verfügbar sind.

NUTZE EINE BALLBRAUSE, UM SÄMLINGE UND EMPFINDLICHE PFLANZEN SANFT ZU WÄSSERN.

DIE RICHTIGE ERDE FÜR DEINE PFLANZEN

Jede Pflanze hat spezifische Bedürfnisse, und die passende Erde kann den Unterschied zwischen üppigem Wachstum und kümmerlichem Gedeihen ausmachen. Mit der richtigen Erde stellst du sicher, dass deine Pflanzen die notwendigen Nährstoffe, die richtige Substratstruktur und die optimale Wasserspeicherung erhalten.

ÜBERSICHT ÜBER DIE VERSCHIEDENEN ERDSORTEN

Anzuchterde	Feinkrümelig und nährstoffarm, um die Wurzeln von Jungpflanzen nicht zu überfordern. Fördert ein schnelles und gesundes Keimen der Samen.
Blumenerde	Speziell für Zierpflanzen zusammengestellt. Enthält oft zusätzlichen Dünger, um die Blütenbildung zu fördern. Leicht und gut durchlüftet, was die Wurzelbildung unterstützt.
Kräutererde	Lockere, durchlässige Erde mit niedrigem Nährstoffgehalt. Diese Erde ist perfekt auf die Bedürfnisse von Kräutern abgestimmt.
Mediterrane Pflanzerde	Durchlässig und nährstoffreich, mit einer guten Drainage versehen. Mediterrane Pflanzen wie Zitronen und Feigen benötigen gut belüftete Böden, die Wasser gut abfließen lassen, um Staunässe zu vermeiden.
Gemüseerde	Sehr nährstoffreich und enthält oft organischen Dünger wie Kompost oder Mist. Bietet eine stabile Struktur, die sowohl Feuchtigkeit als auch Nährstoffe gut speichert.
Spezialerde für Beeren	Beerenpflanzen wie Blaubeeren benötigen sauren Boden. Spezielle Beeren- oder Rhododendronerde hat einen niedrigen pH-Wert und ist oft mit organischen Stoffen wie Nadeln oder Rindenhumus angereichert.

MEIN TIPP

Für die Anzucht von Jungpflanzen kannst du problemlos Kräutererde statt Anzuchterde verwenden. Beide bieten eine lockere, durchlässige Struktur und sind nährstoffarm. Umgekehrt kannst du auch Kräuter in Anzuchterde pflanzen.

HINWEIS

Achte beim Kauf der Erde darauf, torffreie Produkte zu wählen, um die Zerstörung von Moorlandschaften nicht zu unterstützen.

ERDE AUS DEM VORJAHR AUFBESSERN

Wenn du Erde aus dem Vorjahr wiederverwenden möchtest, kannst du sie mit ein paar einfachen Handgriffen aufbereiten:

→ Entferne alte Wurzeln und Unkraut, um Platz für neues Pflanzenwachstum zu schaffen und die Erde frei von Wildwuchs zu halten.

→ Mische alte Erde mit Komposterde oder organischem Dünger wie Schafwollpellets, um die Nährstoffe aufzufrischen. Komposterde liefert eine Vielzahl von Nährstoffen und verbessert die Bodenstruktur.

→ Füge Sand oder Perlit hinzu, um die Durchlässigkeit der Erde zu verbessern. Dies ist besonders wichtig für Pflanzen, die keine Staunässe vertragen.

WASSERSTAU IM TOPF VERHINDERN

Staunässe ist ein häufiger Grund für das Welken von Pflanzen. Um dies zu vermeiden, sind Abflusslöcher und eine gute Drainageschicht wichtig. Die Drainage in Pflanzgefäßen verhindert, dass überschüssiges Wasser im Topf stehen bleibt. Stehendes Wasser führt zu Sauerstoffmangel an den Wurzeln und begünstigt Wurzelfäule. Eine gute Drainage sorgt dafür, dass Wasser abfließen kann, während die Erde feucht bleibt.

MATERIALIEN FÜR DIE DRAINAGESCHICHT

Blähton	Leicht; speichert Wasser und Luft
Kies oder Splitt	Kleine Steine, die das Wasser ableiten
Tonscherben	Bruchstücke von Tontöpfen oder Keramik
Vlies	Dünnes, durchlässiges Material; verhindert das Vermischen von Erde und Drainagematerial

HINWEIS

Kies oder Splitt würde ich auf dem Balkon nur bedingt als Drainagematerial verwenden, da sie zwar die Töpfe stabilisieren, aber auch zusätzliches Gewicht für den Balkon mitbringen.

BLÄHTON: DER NACHHALTIGE HELFER FÜR DEINE PFLANZENTÖPFE

Blähton ist ein leichtes, offenporiges Material, das sehr gute Drainageeigenschaften besitzt und überschüssiges Wasser ableitet. Es speichert zudem Feuchtigkeit und gibt sie nach und nach an die Pflanzen ab, was eine gleichmäßige Wasserversorgung gewährleistet. Blähton ist wiederverwendbar und fördert durch seine Struktur die Belüftung der Wurzeln.

SCHERBEN VON TONTÖPFEN HALTEN DIE WASSERABZUGSLÖCHER FREI.

Die 3 Schichten im Pflanzgefäß: Drainage (hier Tonscherben), Vlies, Erde

SO FÜLLST DU DEIN GEFÄSS

01 Bedecke die Löcher des Gefäßbodens mit Tonscherben.

02 Fülle nun das Drainagematerial in das Gefäß. Die Höhe der Schicht variiert je nach Gefäßgröße: 2–3 cm bei niedrigen und 5–10 cm bei hohen Gefäßen.

03 Lege ein wasserdurchlässiges Vlies über die Drainage, um zu verhindern, dass Erde in die Drainage gespült wird und diese verstopft. Statt eines Vlieses lässt sich auch ein altes Baumwollhand- oder Küchentuch als praktische und nachhaltige Alternative verwenden.

04 Fülle das Gefäß abschließend mit Erde auf.

BOHRE BEI GESCHLOSSENEN TÖPFEN LÖCHER IN DEN BODEN, DAMIT DAS WASSER IMMER ABFLIESSEN KANN.

MISCHKULTUR UND FRUCHTFOLGE

Ein Balkon ist kein großer Garten, aber mit ein wenig Planung und Wissen kann man das Beste aus der kleinen Fläche herausholen. Mischkultur und Fruchtfolge sind zwei Techniken, die dabei helfen, die Ernte zu maximieren und die Pflanzen gesund zu halten.

MISCHKULTUR: GEMEINSAM SIND WIR STARK

Mischkultur bedeutet, dass man verschiedene Pflanzen so zusammenpflanzt, dass sie sich gegenseitig unterstützen. Das kann zum Beispiel bedeuten, dass eine Pflanze Schädlinge fernhält, die der Nachbarpflanze schaden würden. Zusätzlich sollte darauf geachtet werden, dass die Pflanzen einen ähnlichen Nährstoffbedarf haben, damit keine Pflanze über- oder unterversorgt wird. Pflanzen mit unterschiedlichen Wurzeltiefen – zum Beispiel Möhren (tiefwurzelnd) und Salat (flachwurzelnd) – können den Boden effizienter nutzen. Pflanzen wie Hülsenfrüchte (Erbsen oder Bohnen) reichern den Boden mit Stickstoff an, was anderen Pflanzen zugutekommt. Mit Mischkultur hast du höhere Chancen, Schädlinge unter Kontrolle zu halten, den Platz auf deinem Balkon optimal zu nutzen und den Ertrag zu steigern.

Hier einige Beispiele:

→ **Tomaten und Basilikum:** Diese beiden sind nicht nur in der Küche ein Dream-Team. Basilikum hält Schädlinge fern und fördert das Wachstum der Tomaten.

→ **Möhren und Zwiebeln:** Zwiebeln halten Möhrenfliegen ab, und umgekehrt vertreiben die gelben Rüben Zwiebelmotten.

→ **Salat und Radieschen:** Radieschen wachsen schnell und lockern den Boden auf, was den Salatwurzeln hilft, sich besser auszubreiten.

→ **Erdbeeren und Knoblauch:** Knoblauch schützt Erdbeeren vor Pilzkrankheiten und trägt zur Verbesserung der Bodenqualität bei.

FRUCHTFOLGE: DEN BODEN GESUND HALTEN

Fruchtfolge ist eine wichtige Technik, um den Boden gesund zu halten und Pflanzenkrankheiten vorzubeugen. Sie bedeutet, dass man auf derselben Fläche unterschiedliche Pflanzenarten in jährlichem Wechsel anbaut. Dies verhindert die Auslaugung des Bodens und die Ansammlung von Krankheitserregern.

GRUNDSÄTZE DER FRUCHTFOLGE IM BALKONGARTEN

→ **Wechsel der Pflanzenfamilien:** Pflanzen derselben Familie sollten nicht jedes Jahr in denselben Pflanzgefäßen bzw. der gleichen Erde angebaut werden. Wenn Mitglieder einer Pflanzenfamilie hintereinander gepflanzt werden, laugt der Boden stark aus.

→ **Nährstoffmanagement:** Auf Starkzehrer sollten Mittelzehrer und anschließend Schwachzehrer folgen, um den Boden nicht zu erschöpfen.

→ **Krankheitsprävention:** Ein regelmäßiger Fruchtwechsel in den Pflanzgefäßen verhindert die Ansammlung von Krankheitserregern in der Erde und reduziert das Risiko von Pflanzenkrankheiten.

PFLANZENFAMILIEN UND IHRE VERTRETER

Doldenblütler	Fenchel, Möhre, Sellerie
Gänsefußgewächse	Mangold, Rote Bete, Spinat
Hülsenfrüchte	Bohnen, Erbsen
Korbblütler	Artischocke, Endivie, Salat
Kreuzblütler	Brokkoli, Kohl, Radieschen
Nachtschattengewächse	Aubergine, Paprika, Tomate

ÜBERSICHT: STARK-, MITTEL- UND SCHWACHZEHRER

Starkzehrer	Aubergine, Paprika, Tomate
Mittelzehrer	Fenchel, Möhre, Spinat
Schwachzehrer	Bohnen, Erbsen, Salat

ÜBERSICHT ÜBER DAS GANZE JAHR

Hier siehst du auf einen Blick, welche Aufgaben in welchem Monat anfallen.

WINTER

DEZEMBER

→ Während der Winterruhe benötigen die Pflanzen nur minimale Pflege, an frostfreien Tagen kann bei Bedarf gegossen werden.

→ Auf der Fensterbank können Kresse und Microgreens angebaut werden.

→ Überlege, was im letzten Gartenjahr gut und was weniger gut lief. Setze dir darauf basierend Ziele für das nächste Jahr.

→ Fange mit der Planung für das neue Gartenjahr an, indem du Pflanzen und Gestaltungsideen für deinen Balkon auswählst. Denke an vertikale Gärten, Ampeln und weitere Platzoptimierungen.

→ Richte saisonale Dekorationen oder Lichter auf dem Balkon ein, um eine festliche Stimmung zu schaffen.

JANUAR

→ Überprüfe deine Bestände an Saatgut, Düngemitteln, Erde und anderen Gartenmaterialien.

→ Gieße an frostfreien Tagen die Kübelpflanzen.

FEBRUAR

→ Kaufe Saatgut und Anzuchterde.

→ Erstelle einen Aussaatkalender für das gesamte Jahr.

→ Bastle individuelle Schilder für deine Pflanzen, um sie auf den ersten Blick erkennen zu können (siehe Seite 106).

→ Langsam wachsende Pflanzen wie Chilis, Paprika und Auberginen können jetzt im Haus vorgezogen werden.

→ Überprüfe Rankgerüste und Spaliere von Obststräuchern und -bäumen und repariere sie gegebenenfalls.

→ Obstgehölze wie Apfel, Birne und Kirsche können geschnitten werden.

→ Entferne erfrorene und vertrocknete Kräuter.

→ Reinige Pflanzgefäße und andere Materialien wie Tomatenstäbe vor ihrem erneuten Einsatz, um mögliche Krankheitserreger zu entfernen.

FRÜHLING

MÄRZ

→ Bereite die Erde mit reifem Kompost und Langzeitdünger wie Schafwollpellets oder Hornspänen auf.

→ Fülle Pflanztöpfe, -kästen und Hochbeete mit Erde auf.

→ Radieschen, Spinat und Salat können unter einer Frühbeethaube ausgesät werden.

→ Jungpflanzen von Kohlrabi oder Salat sind im Gartencenter erhältlich und können unter eine Frühbeethaube gepflanzt werden.

→ Die Voranzucht von Tomaten ist ab Mitte März im Haus möglich.

→ Steckzwiebeln und Knoblauchzehen können gesteckt werden.

→ Pflege deine Jungpflanzen, indem du sie regelmäßig gießt und auf Trauermücken kontrollierst.

APRIL

→ Kaufe Pflanzkartoffeln und lass sie im Haus kühl und trocken in Eierschachteln vorkeimen.

→ Gurke, Zucchini und Topfkürbis können im Haus vorgezogen werden.

→ Die Pflanzung von Kohlpflanzen ist möglich.

→ Reinige deinen Balkon und die Balkonmöbel.

→ Schneide Kräuter zurück, wenn kein Frost mehr droht.

→ Beginne mit der Ernte von frühen Gemüsesorten wie Radieschen oder Spinat.

→ Baue aus Tontöpfen Ollas und verbuddle sie. Sie sparen Zeit beim Gießen ein (siehe Seite 116).

→ Kaufe Ende April Jungpflanzen im Gartencenter.

MAI

→ Anfang Mai können die ersten vorgezogenen Jungpflanzen draußen abgehärtet werden, um sich an das Freiluftklima zu gewöhnen.

→ Die Pflanzkartoffeln werden in Pflanzsäcke oder einen Pflanzturm gesetzt. Vergiss nicht, sie nach und nach anzuhäufeln, um die Ernte zu steigern.

→ Ab Mitte Mai dürfen Tomaten, Paprika und Chili gepflanzt werden.

→ Tu etwas für die Artenvielfalt auf deinem Balkon: Wähle Pflanzen aus, die Bienen und Hummeln anlocken. Ein Insektenhotel kann ebenfalls eingerichtet werden (siehe Seiten 124 und 125).

→ Pflege deine Pflanzen weiterhin regelmäßig.

→ Richte Rankhilfen oder andere Stützstrukturen für kletternde Pflanzen ein.

→ Verschönere deinen Balkon. Inspirationen dazu findest du auf den Seiten 130 und 131.

SOMMER

JUNI

→ Dünne deine Direktsaat aus, indem du einige der gekeimten Pflanzen entfernst. So können die übrigen Keimlinge besser wachsen.

→ Mulche deine Hochbeete und Balkonkästen zur Erhaltung der Feuchtigkeit und Unterdrückung von Unkraut.

→ Pflege deine Blumen und entferne regelmäßig Verblühtes, um die Blütenbildung anzukurbeln.

→ Kontrolliere, ob Unkraut in deinen Pflanzgefäßen wächst und entferne es gegebenenfalls.

→ Kontrolliere deine Pflanzen regelmäßig auf Schädlinge und Krankheiten.

→ Geize die Tomaten aus und binde sie an Tomatenpflanzstäben hoch.

→ Befestige die Gurken an Rankhilfen und brich die ersten Fruchtansätze aus.

→ Gieße und dünge deine Pflanzen regelmäßig, am besten morgens oder abends.

→ Deine ersten Gemüse-, Beeren- und Kräuterpflanzen können beerntet werden.

JULI

→ Gieße und dünge deine Pflanzen weiterhin regelmäßig.

→ Entferne verblühte Blüten und abgestorbene Pflanzenteile für eine gesunde Entwicklung der Pflanzen.

→ Überprüfe deine Pflanzen auf Schädlingsbefall und Krankheiten. Ergreife, wenn nötig, entsprechende Maßnahmen zur Bekämpfung (siehe Seiten 118 bis 121).

→ Ernte reifes Gemüse und Obst.

→ Setze neue Pflanzen oder säe Samen auf freien Flächen, um deinen Raum in den Kästen, Kübeln und Töpfen optimal zu nutzen.

AUGUST

→ Kübel und Töpfe sollten bei großer Hitze täglich gegossen werden.

→ Prüfe, ob deine Bewässerungssysteme gut funktionieren und effizient sind.

→ Vergiss nicht, Saatgut zu sammeln, zum Beispiel von Tomaten oder Blumen.

→ Starte mit der Planung und Vorbereitung der Herbstbepflanzung mit Blumenzwiebeln oder herbstblühenden Pflanzen.

→ Ernte reifes Gemüse und Obst und bereite es für die Konservierung oder Lagerung vor.

→ Ernte frische Kräuter für die Küche oder zur Trocknung.

→ Pflanze Ende August Wintergemüse wie Pak Choi, Endivien, Winterkopfsalat.

HERBST

SEPTEMBER

- → Ernte Obst und Gemüse. Wenn du es nicht direkt verwertest, lagere es ein oder mache es haltbar.
- → Entferne abgestorbene Pflanzen.
- → Bringe mit Chrysanthemen, Astern und Zierkohl herbstliche Farben auf deinen Balkon.
- → Ernte Ende September letztes Fruchtgemüse wie Tomaten, Paprika und Auberginen ab und entsorge die Pflanzen.
- → Pflanze nicht winterharte Kräuter um und überwintere sie im Haus.
- → Die Aussaat von Feldsalat und Asiasalat auf deinem Balkon ist möglich.

OKTOBER

- → Nun ist die letzte Gelegenheit vor dem Winter, Blumenzwiebeln von Frühjahrsblühern wie Tulpen und Narzissen zu stecken.
- → Auch Steckzwiebeln und Knoblauchzehen kannst du nun in die Erde stecken, um sie im Frühjahr ernten zu können.
- → Bereite deinen Balkon und deine Pflanzen auf kühlere Temperaturen und möglichen Frost vor. Schütze frostempfindliche Pflanzen im Kübel beispielsweise mit Vlies, Stroh, Kokosmatten oder Luftpolsterfolie.
- → Reinige deine Balkonmöbel und decke sie ab oder bringe sie ggf. in den Keller.
- → Bringe deine nicht winterharten Pflanzen in einen geschützten Bereich auf dem Balkon oder nach drinnen, um sie auf die Überwinterung vorzubereiten.
- → Hole deine Ollas aus der Erde und reinige sie für die Winterpause.

NOVEMBER

- → Triff letzte Vorbereitungen für den Winter, indem du deine Pflanzen und Bewässerungssysteme vor Kälte schützt.
- → Richte Futterplätze für Vögel ein.
- → Ernte dein Wintergemüse.

HINWEIS

Wintergemüse wird nicht erst im Winter gepflanzt oder gesät, sondern bereits vorher, damit es bis zur Kälte fast vollständig ausgewachsen ist. Denn sobald es friert, verlangsamt sich das Wachstum deutlich.

DIY MINIGEMÜSEGARTEN

Gestalte deinen eigenen Minigemüsegarten. Eine Bäckerkiste oder Klappkiste mit den Maßen 60 x 40 x 15 cm bietet die perfekte Grundlage dafür. Sie ist ideal für den Balkon, da sie leicht, robust und einfach zu transportieren ist. Die Kiste bietet zudem ausreichend Tiefe, um verschiedenste Gemüsesorten erfolgreich anzubauen. Am einfachsten und erfolgreichsten gelingt der Anbau, wenn du dich auf eine Kultur pro Kiste beschränkst.

So geht's

Lege den Boden und die Seitenwände der Kiste mit einem wasserdurchlässigen Vlies aus. Dies verhindert Staunässe und sorgt dafür, dass keine Erde herausrieselt. Fülle die Kiste anschließend mit hochwertiger, nährstoffreicher Gemüseerde. Damit ist die Grundlage geschaffen, um die Samen für deine gewünschten Gemüsesorten auszusäen oder gekaufte Setzlinge einzupflanzen.

MEIN TIPP

Verwende kleinwüchsige Sorten wie Topftomaten oder Mini-Paprika, um Platz zu sparen.

DAS SPART ZEIT!

→ Säe die Samen direkt in die Kiste.

→ Kaufe die Setzlinge, statt sie selbst vorzuziehen.

→ Entscheide dich für schnell wachsende Sorten wie Radieschen und Salat.

WELCHE GEMÜSESORTEN EIGNEN SICH?

Pflanzenart	Anzahl der Längsreihen in der Kiste	Abstand in Reihen (cm)	Anzahl Pflanzen	Vorkultur im Haus	Direktsaat oder Pflanzung	Erntezeit
Aubergine (Zwergsorte)	1	30	2	Februar	Mai	Juli–Oktober
Buschbohne	2	5–6	24	-	Mai–Juli	Juli–Oktober
Erdbeere	2	20	6	-	März–Mai	Mai–Juli
Erbse	2	5–6	30	-	März–Juni	Mai–August
Feldsalat	3	5–6	30	-	März–September	Mai–November
Kohlrabi	2	20	6	Februar–März	März–April	Mai–Juni
Knoblauch	2	10	12	-	März–April, September–Oktober	Juli–August, Juni–Juli
Kopfsalat	2	20	6	Februar–März	März–April	Mai–Juni
Mangold	2	25–30	6	-	März–August	Mai–Oktober
Paprika (Zwergsorte)	2	30	4	Februar	Mai	August–Oktober
Radieschen	3	2–3	40–50	-	März–September	April–November
Rote Bete	2	10	12	-	April–Juni	Juli–Oktober
Rucola	3	1–2	ca. 150	-	März–Oktober	April–November
Schnitt-, Asiasalat	3	1–2	ca. 150	-	März–September	April–November
Spinat	2	6–10	12–20	-	März–Mai, August–September	Mai–Juni, September–Oktober
Topftomate	1	30	2	März	Mai	Juli–Oktober
Zwiebel	2	10	12	Februar–März	März–April, September–Oktober	Juli–August, Juni–Juli

Brassica rapa
Ocimum basilicum
var. thyrsiflora
Brassica oleracea
var. capitata f. rubra
Callistephus
chinensis

KAPITEL 02

Keine ZEIT zu PLANEN

ANALYSE DEINES BALKONS

Bevor du mit dem Anlegen von Pflanzflächen beginnst, solltest du deinen Balkon sorgfältig beobachten und analysieren. Diese genaue Analyse ist entscheidend für einen erfolgreichen Balkongarten, da sie dir hilft, die besten Standorte für deine Pflanzen zu finden und den verfügbaren Platz optimal zu nutzen.

LICHTVERHÄLTNISSE

01 Skizziere deinen Balkon auf einem Blatt Papier oder in einer digitalen Notiz-App.

02 Wähle einen Tag mit gutem Wetter und beobachte ab dem frühen Morgen die Lichtverhältnisse.

03 Notiere jede Stunde oder alle zwei Stunden, welche Teile deines Balkons in direktem Sonnenlicht liegen. Markiere auf deiner Skizze die sonnenbeschienenen Bereiche.

04 Halte die Dauer des direkten Sonnenlichts fest. Beobachte und dokumentiere Schattenquellen.

05 Wiederhole die Beobachtungen zu unterschiedlichen Jahreszeiten. Notiere dir die Unterschiede und ziehe daraus Konsequenzen für deine Beetplanung.

WINDVERHÄLTNISSE

Beobachte deinen Balkon über mehrere Tage hinweg, um festzustellen, aus welcher Richtung der Wind meist kommt und wie stark er ist. Notiere die Bereiche mit starkem Wind sowie geschützte Zonen. Anhand deiner Beobachtungen kannst du dir ggf. Windschutzmaßnahmen überlegen, wie z. B. Sichtschutzwände.

Entscheide dich für eine oder mehrere der folgenden Möglichkeiten, um die Windverhältnisse festzustellen:

→ Wähle eine Wetter-App, die die Windgeschwindigkeit und -richtung für deinen Standort angibt.

→ Kaufe dir einen Windanzeiger oder eine Windfahne.

→ Nutze einfache Hilfsmittel wie an das Geländer gebundene Stoffbänder oder Fähnchen.

→ Stelle eine Kerze auf den Balkon und beobachte, ob die Flamme flackert oder erlischt, um die Windstärke zu beurteilen.

MEIN TIPP

Pflanze Stangenbohnen in einen Pflanzkasten mit mindestens 30 cm Tiefe und ergänze ein stabiles Rankgitter. Kombiniere sie mit Clematis oder Kapuzinerkresse, um einen blühenden Windschutz zu schaffen. Alternativ sorgen pflegeleichte Gräser wie Chinaschilf, Pampasgras oder Federgras in Kübeln für Windschutz und eine gemütliche Atmosphäre.

PLATZ AUSMESSEN

01 Miss die Länge und Breite deines Balkons. Notiere die Gesamtfläche und erstelle dir eine Skizze von deiner Fläche.

02 Bestimme, welche Bereiche für welche Zwecke genutzt werden sollen (z. B. Gemüseanbau, Sitzbereich, Abstellfläche, Stauraum).

03 Plane die Platzierung von Möbeln und Pflanzen.

PFLANZEN AUSWÄHLEN

Die Wahl der richtigen Pflanzen für deinen Balkongarten ist der nächste wichtige Schritt. Dabei solltest du dir überlegen, ob du Blumen, Gemüse, Kräuter oder Obst anbauen möchtest. Hier findest du einige Aspekte, die dir bei der Entscheidung helfen können.

PERSÖNLICHE VORLIEBEN

Stell dir die Frage, was du gerne isst oder unbedingt anbauen möchtest. Es ergibt keinen Sinn, Pflanzen zu kultivieren, die du am Ende nicht magst oder bei denen du nicht weißt, wie du sie verarbeiten sollst.

VERARBEITUNG

Denke auch daran, welche Lieblingsgerichte du oft zubereitest und ob du dafür bestimmte Zutaten selbst anbauen möchtest. Wenn du zum Beispiel gerne italienisch kochst, könnten Tomaten, Basilikum und Oregano perfekte Kandidaten für deinen Balkongarten sein. Liebst du die asiatische Küche? Dann wären Koriander und Chili eine gute Wahl.

NUTZUNG

Überlege, ob du auf deinem Balkon eher dekorative Blumen bevorzugst oder lieber Gemüse und Kräuter anbauen möchtest oder beides. Eine Mischung aus Zier- und Nutzpflanzen kann sowohl schön als auch nützlich sein. Blumen locken nützliche Insekten wie Bienen und Schmetterlinge an, die die Bestäubung von Gemüse und Obst übernehmen.

PFLEGEAUFWAND

Berücksichtige, wie pflegeintensiv die Pflanzen sind. Einige benötigen mehr Aufmerksamkeit und Pflege als andere. Wenn du wenig Zeit im Alltag hast, sind pflegeleichte Pflanzen wie Sukkulenten und bestimmte Kräuter wie Rosmarin und Thymian möglicherweise die bessere Wahl. Einige Blumen und Gemüsearten, wie beispielsweise Tomaten oder Gurken, erfordern hingegen mehr Pflege und regelmäßiges Gießen.

ERNTEZEIT UND ERTRAGSDAUER

Einige Pflanzen haben eine kurze Erntezeit, während andere über einen längeren Zeitraum hinweg Früchte tragen. Wenn du kontinuierlich ernten möchtest, wähle eine Kombination aus Pflanzen, die zu unterschiedlichen Zeiten reif sind.

PLATZANGEBOT

Denke daran, wie viel Platz du auf deinem Balkon hast und wie groß die Pflanzen werden. Hochwachsende Pflanzen oder solche, die viel Raum für ihre Wurzeln benötigen, könnten ungeeignet sein, wenn du nur wenig Platz hast.

KLIMA UND WETTERBEDINGUNGEN

Das lokale Klima und die Wetterbedingungen spielen ebenfalls eine wichtige Rolle bei der Auswahl deiner Pflanzen. Informiere dich über die durchschnittlichen Temperaturen und Wetterbedingungen in deiner Region und wähle Pflanzen, die gut zu diesen Bedingungen passen.

MEIN TIPP

Beginne mit einer kleinen Auswahl an Pflanzen und erweitere deinen Balkon nach und nach. Freue dich über die ersten Erfolge, um motiviert zu bleiben und später anspruchsvollere Pflanzen zu integrieren. Auf diese Weise vermeidest du eine Überforderung in deinem ersten Jahr als Gärtner*in und bewahrst dir deine Freude am Gärtnern.

DARF ICH VORSTELLEN?

Auf dem Balkon lassen sich viele pflegeleichte Gemüsesorten, Kräuter, Obstsorten und insektenfreundliche Blumen wunderbar in Töpfen, Kübeln oder Kästen anbauen. Diese Pflanzen bieten nicht nur eine reiche Ernte oder prächtige Blüten, sondern sind auch ideal geeignet für Anfänger*innen im Balkongärtnern. Ich habe dir eine Auswahl meiner Empfehlungen zusammengestellt.

LEGENDE

- Direktsaat
- Voranzucht
- Saattiefe (Dunkelkeimer)
- Saattiefe (Lichtkeimer)
- Keimdauer und Keimtemperatur
- Pflanzung
- Pflanzabstände
- Standort
- Blütezeit
- Ernte

ZINNIE 'PROFUSION MISCHUNG'

Die Zinnien 'Profusion Mischung' sind ideal, wenn du ohne großen Aufwand einen farbenfrohen Balkon haben möchtest. Mit ihren Blüten in Weiß, Gelb, Orange, Rosa und Rot sorgen sie für viel Farbe. Die Pflanzen sind sehr pflegeleicht, da du sie kaum ausputzen musst. Sie wachsen schnell auf 20 bis 30 cm Höhe und gedeihen gut in Töpfen oder Balkonkästen. Außerdem ziehen sie Schmetterlinge und Hummeln an.

- Ab Mitte Mai direkt in Pflanzgefäße, 2–3 Samen pro Topf
- Ab April im Haus
- 0,5–1 cm
- 7–14 Tage, 20–25 °C
- Ab Mitte Mai, nach den letzten Frösten
- 25–30 cm Abstand, 2–3 Pflanzen pro Topf (mind. 25 cm Durchmesser)
- Sonnig
- Juni bis Oktober

VERBENE

Verbenen eignen sich gut für den Balkon, da sie mit ihren kräftigen Farben und der langen Blütezeit für richtig viel Freude sorgen. Ich mag besonders, dass sie so pflegeleicht sind. Solange sie einen sonnigen Platz bekommen und man ab und zu die verblühten Blüten entfernt, blühen sie unermüdlich den ganzen Sommer bis in den Herbst hinein. Außerdem ziehen Verbenen Bienen an, was den Balkon noch lebendiger macht.

- Nicht empfohlen, besser Voranzucht oder Setzlinge verwenden
- Ab Februar/März im Haus
- 0–0,5 cm
- 14–30 Tage, 18–22 °C
- Ab Mitte Mai, nach den letzten Frösten
- 20–25 cm Abstand, 1 Pflanze pro Topf (mind. 20–25 cm Durchmesser)
- Sonnig, warm
- Juni bis September, regelmäßiges Entfernen verblühter Blüten fördert die Blütenbildung

GOLDMARIE

Die Goldmarie ist eine einjährige Pflanze mit kleinen, goldgelben Blüten und filigranem Laub. Sie zeichnet sich durch ihre reichhaltige Blüte und ihren kompakten Wuchs aus, der sie zu einer idealen Wahl für Hängeampeln und Balkonkästen macht. Sie ist zudem sehr beliebt bei Bienen und Hummeln.

- Ab Mitte Mai direkt in Pflanzgefäße, 2–3 Samen pro Topf
- Ab März/April im Haus
- 0,5–1 cm
- 7–14 Tage, 18–22 °C
- Ab Mitte Mai, nach den letzten Frösten
- 20–30 cm Abstand, 1–2 Pflanzen pro Topf (mind. 25–30 cm Durchmesser)
- Sonnig
- Juni bis Oktober, regelmäßiges Entfernen verblühter Blüten fördert die Blütenbildung

KAPUZINERKRESSE

Die Kapuzinerkresse ist für ihre leuchtenden Blüten und ihre Essbarkeit bekannt. Sie ist eine kriechende oder rankende Pflanze mit runden, herzförmigen Blättern und auffälligen Blüten in lebhaften Farben wie Orange, Gelb und Rot. Ihre leuchtenden Blüten locken ebenso Insekten wie Bienen und Schmetterlinge an. Die Kapuzinerkresse ist äußerst pflegeleicht. Sie kann in Töpfen, hängenden Körben oder Blumenkästen angepflanzt werden.

- Ab Mitte Mai direkt in Pflanzgefäße, 2–3 Samen pro Topf mit 30 cm Durchmesser
- Nicht unbedingt erforderlich, Direktsaat bevorzugt
- 1–2 cm
- 10–14 Tage, 15-20 °C
- Ab Mitte Mai, nach den letzten Frösten
- 30–40 cm
- Sonnig bis halbschattig
- Juni bis Oktober, Blätter und Blüten sind essbar

STUDENTENBLUME

Die Studentenblume, auch Tagetes genannt, ist eine einjährige Pflanze mit dichtem, buschigem Wuchs und einer Fülle von Blüten. Sie ist in verschiedenen Farben erhältlich, darunter Gelb, Orange, Rot, und blüht den ganzen Sommer über bis zum Herbst. Tagetes sind nicht nur für ihre leuchtenden Blüten bekannt, sondern auch für ihre Fähigkeit, schädliche Insekten wie Nematoden oder Schnecken abzuwehren und nützliche Insekten anzulocken.

- Ab Mitte Mai direkt in Pflanzgefäße, 2–3 Samen pro Topf
- Ab März/April im Haus
- 0–0,5 cm
- 7–14 Tage, 18–22 °C
- Ab Mitte Mai, nach den letzten Frösten
- 20–25 cm
- Sonnig
- Juni bis Oktober, verblühte Blüten regelmäßig entfernen

COSMEA

Cosmea, auch bekannt als Schmuckkörbchen, ist eine einjährige Blume mit feinen, gefiederten Blättern und einer Fülle von sternförmigen Blüten in verschiedenen Farben, darunter Weiß, Rosa, Rot und Violett. Sie ist nicht nur auf dem Balkon eine Zierde, sondern auch eine ausgezeichnete Schnittblume für frische Sträuße. Cosmea ist äußerst pflegeleicht, und die zarten Blüten ziehen zahlreiche Insekten an.

- Ab Mitte Mai direkt in Pflanzgefäße, 2–3 Samen pro Topf
- Ab April im Haus
- 0–0,5 cm
- 7–14 Tage, 15–20 °C
- Ab Mitte Mai, nach den letzten Frösten
- 30–40 cm
- Sonnig, windgeschützt
- Juli bis Oktober, verblühte Blüten regelmäßig entfernen

MEIN TIPP

Pinziere die Cosmea, indem du die obersten Triebspitzen abzwickst, sobald die Pflanze etwa 15 bis 20 cm hoch ist. Das fördert einen buschigeren Wuchs und sorgt für mehr Blüten.

LÖWENMÄULCHEN

Das Löwenmäulchen ist eine mehrjährige Pflanze, deren Blütenstände an das offene Maul eines Löwen erinnern – ein echter Hingucker im Balkongarten. Die Blüten kommen in einer wunderschönen Vielfalt von Farben vor, darunter Rot, Gelb, Orange, Pink und Weiß. Ich liebe es, Löwenmäulchen auf dem Balkon zu haben, weil sie nicht nur durch ihre leuchtenden Blüten begeistern, sondern auch Bienen und Schmetterlinge anziehen.

- Ab Mitte Mai direkt in Pflanzgefäße, 2–3 Samen pro Topf
- Ab Februar/März im Haus
- 0,5 cm
- 10–20 Tage, 15–20 °C
- Ab Mitte Mai, nach den letzten Frösten
- 20–25 cm
- Sonnig bis halbschattig
- Juni bis Oktober, verblühte Blüten regelmäßig entfernen

BORRETSCH

Borretsch ist eine einjährige Pflanze, die mit ihren leuchtend blauen, sternförmigen Blüten jeden Balkongarten aufwertet. Die Pflanze ist nicht nur optisch ansprechend, sondern auch eine wahre Bienenweide – die summenden Besucher sind garantiert. Besonders schätze ich an Borretsch, dass seine jungen Blätter und Blüten essbar sind und Salaten oder Getränken einen leicht gurkigen Geschmack verleihen.

- Ab Mitte Mai direkt in Pflanzgefäße, 2–3 Samen pro Topf
- Nicht notwendig, Direktsaat wird bevorzugt
- 1–2 cm
- 7–14 Tage, 15–20 °C
- Ab Mitte Mai, nach den letzten Frösten
- 30–40 cm
- Sonnig bis halbschattig
- Juni bis September, Blüten und junge Blätter sind essbar

MEIN TIPP

Borretsch eignet sich hervorragend für die Mischkultur, besonders in Kombination mit Gurkenpflanzen.

RINGELBLUME

Die Ringelblume ist eine einjährige Pflanze, die mit ihren leuchtend orangefarbenen und gelben Blüten jeden Balkongarten bereichert. Die Blüten sind essbar und können für Salben, Tees oder als essbare Dekoration verwendet werden. Sie ist unkompliziert in der Pflege und blüht vom Frühsommer bis in den Herbst. Zudem lockt sie Bienen und andere Bestäuber an.

- Ab Mitte April bis Mai direkt in Pflanzgefäße, 2–3 Samen pro Topf
- Ab März im Haus
- 0–0,5 cm
- 7–14 Tage, 15–20 °C
- Ab Mitte Mai, nach den letzten Frösten
- 20–30 cm
- Sonnig bis halbschattig
- Juni bis Oktober, Blüten sind essbar

STRAUCHBASILIKUM

Das Strauchbasilikum ist eine mehrjährige, buschige Pflanze, die mit ihren violetten Stängeln, aromatischen Blättern und hübschen violett-rosa Blüten sofort ins Auge fällt. Sie ist ein echtes Paradies für Bienen, Hummeln und Schmetterlinge. Die Blätter sind außerdem vielseitig in der Küche einsetzbar. Sie passen perfekt zu Pestos, Salaten und mediterranen Gerichten. Strauchbasilikum blüht reichlich und kann sogar den Winter überstehen, wenn es an einem hellen, frostfreien Ort drinnen überwintert wird.

- Nicht empfohlen, besser als Jungpflanze kaufen. Vermehrung ist über Stecklinge möglich.
- Ab Mitte Mai, nach den letzten Frösten
- 20–25 cm Abstand; 1 Pflanze pro Topf (mind. 30 cm Durchmesser)
- Sonnig, warm, mindestens 6 Stunden direkte Sonne pro Tag
- Juni bis September, regelmäßiges Entfernen verblühter Blüten fördert die Blütenbildung

SCHOPFLAVENDEL

Der Schopflavendel ist eine Variante des Lavendels, der sich durch seine markanten, spitzen, fiedrigen Blütenstände auszeichnet. Im Gegensatz zum Echten Lavendel ist der Schopflavendel jedoch nicht essbar. Er wird vor allem für dekorative Zwecke und in der Aromatherapie verwendet. Der Schopflavendel ist nicht nur für seine auffälligen Blütenstände bekannt, sondern auch dafür, eine Vielzahl von Insekten anzulocken, darunter Bienen, Schmetterlinge und Hummeln. Seine duftenden Blüten sind eine wertvolle Nahrungsquelle.

- Nicht empfohlen, besser Voranzucht oder Setzlinge verwenden
- Ab Februar/März im Haus
- 0,5 cm
- 14–30 Tage, 15–20 °C
- Ab Mitte Mai, nach den letzten Frösten
- 30–40 cm
- Sonnig, warm, windgeschützt
- Juni bis September, regelmäßiges Schneiden fördert die Blütenbildung

THYMIAN

Thymian ist ein echter Allrounder im Balkongarten und in der Küche. Er ist nicht nur pflegeleicht, sondern auch insektenfreundlich. Ein Platz auf dem Südbalkon wäre optimal, er ist ein wahrer Sonnenanbeter. Diese robuste Pflanze kann fast das gesamte Jahr über beerntet werden und behält auch im Winter ihr grünes Laub.

- Ab Mai bis Juni direkt ins Pflanzgefäß
- Ab März im Haus, ab Mai ins Freie
- 0–0,5 cm, nur leicht andrücken
- 14–21 Tage, 15–20 °C
- 20–30 cm Abstand, 1 Pflanze pro Topf (mind. 20 cm Durchmesser)
- Sonnig, trocken
- Juni bis September
- Ganzjährig, beste Erntezeit vor der Blüte

ROSMARIN

Rosmarin ist ein buschiger Strauch, der wenig Pflege und Wasser benötigt. Er ist perfekt für sonnige Balkonstandorte geeignet. Sein intensives Aroma verleiht Gerichten wie gegrilltem Fleisch, Gemüse, Fisch und den berühmten Rosmarinkartoffeln einen unverwechselbaren Geschmack. Wenn du erntest, schneide ganze Zweige ab. Dann wächst der Strauch an der Stelle, wo du geschnitten hast, wieder neu, sodass du immer wieder frischen Rosmarin ernten kannst.

- Nicht empfohlen, besser Jungpflanzen kaufen
- Ab Mai, nach den letzten Frösten
- 40 cm Abstand, 1 Pflanze pro Topf (mind. 30 cm Durchmesser)
- Sonnig
- Ganzjährig

DAS SPART ZEIT!

Im Gartencenter findest du vorgezogene Thymian- und Rosmarinpflanzen. So kannst du direkt nach dem Kauf mit der Ernte beginnen. Beide Kräuter lassen sich auch super einfach trocknen.

KERBEL

Kerbel erinnert auf den ersten Blick an Petersilie, verströmt aber einen feinen Anisduft. Er wächst am besten in kühler, feuchter Umgebung, da er sonst schnell blüht. Auf dem Balkon lässt sich Kerbel gut in Töpfen oder Balkonkästen anbauen. Wichtig ist, dass du ihn regelmäßig gießt und vor zu viel Sonne schützt. Frisch geerntet passt Kerbel perfekt zu Fischgerichten und Kräuterbutter. Auch die Blüten sind essbar und ziehen zusätzlich Insekten an.

- Ab März bis August direkt ins Pflanzgefäß
- Nicht notwendig, Direktsaat wird bevorzugt
- 0–0,5 cm
- 10–14 Tage, 12–18 °C
- Ab März
- 15–20 cm
- Halbschattig, kühler Standort
- Etwa 6–8 Wochen nach der Aussaat, fortlaufend ernten bis zur Blüte
- Juni bis Juli

PIMPINELLE

Die Pimpinelle, auch als kleiner Wiesenknopf bekannt, ist ein Wildkraut mit einem feinen Gurkengeschmack. Sie wächst besonders gut auf sonnigen bis halbschattigen Balkonen. Um das Wachstum zu fördern und eine kontinuierliche Ernte zu ermöglichen, solltest du regelmäßig die Blütentriebe entfernen. Pimpinelle ist ein tolles frisches Gewürz für Salate, Dressings und erfrischende Getränke, denen sie mit ihrem leichten Gurkenaroma eine besondere Note verleiht.

- Ab März bis Juni
- Nicht notwendig, Direktsaat wird bevorzugt
- 0,5 cm
- 10–14 Tage, 15–20 °C
- Ab März direkt in Pflanzgefäße säen
- 15–20 cm
- Sonnig bis halbschattig
- Etwa 4–6 Wochen nach der Aussaat, fortlaufend ernten
- Juni bis September

MEIN TIPP

Gieße die Pimpinelle vor der Ernte, das verbessert das Aroma.

SCHNITTLAUCH

Schnittlauch ist eines der bekanntesten mehrjährigen Küchenkräuter. Er hat ein mild-zwiebelartiges Aroma und zarte, hohle Halme. Schnittlauch mag keine Hitze und Trockenheit, daher sollte er immer leicht feucht gehalten werden. Ein schattiger bis halbschattiger Balkon bietet sich sehr gut an. Seine hübschen, lila, rosa oder weißen Blüten sind nicht nur dekorativ, sondern auch essbar und werden gerne von Bienen besucht.

- Ab März bis August
- Ab Februar im Haus
- 0,5–1 cm
- 14–21 Tage, 15–20 °C
- Ab April direkt
- 20–25 cm
- Schattig bis halbschattig
- Ganzjährig möglich, ab etwa 6–8 Wochen nach der Aussaat
- Mai bis Juni

MEIN TIPP

Schnittlauch ist ein Starkzehrer und wächst besonders gut, wenn man ihm gelegentlich eine Portion Kaffeesatz als Dünger gibt. Es empfiehlt sich, ab dem Frühjahr alle 4 bis 6 Wochen zu düngen.

PETERSILIE

Petersilie ist ein zweijähriges Kraut mit grünen, zweigeteilten Blättern und kleinen grüngelben Blüten. Es gibt krause und glatte Sorten, beide mit leicht pikantem Aroma und feiner Bitterkeit. Auf dem Balkon bevorzugt sie einen sonnigen bis halbschattigen Standort, geschützt vor Mittagshitze, und gedeiht gut in nährstoffreicher, durchlässiger Erde. Im zweiten Jahr blüht sie, wobei Giftstoffe entstehen – dann sollte man sie nicht mehr essen und die Pflanze ersetzen.

- Ab März bis August
- Ab Februar im Haus
- 0 cm
- 14–28 Tage, 15–20 °C
- Ab April
- 20–30 cm
- Halbschattig bis sonnig
- Ganzjährig möglich, ab etwa 8–10 Wochen nach der Aussaat
- Im zweiten Jahr Mai bis Juli

DAS SPART ZEIT!

Kaufe in einer Gärtnerei bereits vorgezogene Petersilie-Töpfchen. Das erspart dir eine Menge Wartezeit aufgrund der langen Keimdauer.

BASILIKUM

Basilikum gibt es in verschiedenen Sorten mit unterschiedlichen Aromen. Das klassische Genoveser-Basilikum hat ein süßes bis würziges Aroma. Thai-Basilikum hingegen schmeckt nach Anis. Zitronenbasilikum bringt einen erfrischenden Zitrusgeschmack, während das lila Opal-Basilikum eine leichte Pfeffernote hat. Es wächst auf sonnigen Balkonen. Es ist wichtig, darauf zu achten, dass die Erde nährstoffreich ist, da Basilikum einen mittleren Nährstoffbedarf hat.

- Ab Mai direkt ins Pflanzgefäß
- Ab April im Haus
- 0–0,5 cm, nur leicht andrücken
- 7–14 Tage, 20–25 °C
- Ab Mitte Mai, nach den letzten Frösten
- 20–30 cm
- Sonnig, warm, windgeschützt
- Ab etwa 6 Wochen nach der Aussaat, fortlaufend bis zum Herbst
- Juli bis August

MEIN TIPP

Achte beim Gießen darauf, nur von unten zu gießen, denn nasse Blätter mag Basilikum nicht so gerne.

MINZE

Die Marokkanische Minze gehört zu meinen Lieblingssorten, sei es für Tee oder zum Aromatisieren von Wasser. Die Kombination mit Gurke oder Zitrone macht sie besonders lecker und erfrischend. Minze sollte alleine in einen Kübel oder Balkonkasten gepflanzt werden, da sie sich schnell ausbreitet und andere Pflanzen überwuchern kann. Alternativ kann sie mit anderen durchsetzungsstarken Gewächsen wie Zitronenmelisse oder anderen Minzsorten zusammengepflanzt werden. Sie bevorzugt warme, sonnige Standorte und hat einen höheren Nährstoffbedarf, um kräftig zu wachsen.

- Ab April bis Juni
- Ab März im Haus, ab Mai ins Freie
- 0,5 cm, nur leicht andrücken
- 10–15 Tage, 15–20 °C
- Ab Mai, nach den letzten Frösten
- 30–40 cm
- Halbschattig bis sonnig
- Ab etwa 6–8 Wochen nach der Aussaat, fortlaufend bis zum Herbst
- Juli bis August

TOPFTOMATE

Topftomaten sind ideal für den Balkongarten, weil sie wenig Platz brauchen und trotzdem reichlich Früchte liefern. Es gibt viele verschiedene Sorten, von kleinen Cocktailtomaten wie 'Tiny Tim', die super süß und perfekt als Snack sind, bis hin zu Sorten wie 'Balcony Yellow', die leuchtend gelbe Früchte trägt. Ich mag die Vielfalt, weil jede Sorte ihren eigenen Geschmack hat.

- Ab März im Haus
- 0,5–1 cm
- 7–14 Tage, 20–24 °C
- Ab Mitte Mai, nach den letzten Frösten
- 40 cm, 1 Pflanze pro Topf (mind. 30 cm Durchmesser)
- Sonnig, windgeschützt
- Juli bis Oktober

HÄNGETOMATE 'TUMBLING TOM RED'

Die Hängetomate 'Tumbling Tom Red' ist perfekt für den Balkon. In Hängeampeln sieht sie hervorragend aus, und die kleinen, roten Tomaten sind super zum Naschen. Sie ist pflegeleicht – benötigt nur regelmäßig Wasser und ein bisschen Dünger – und liefert den ganzen Sommer über süße, saftige Früchte. Ideal für frische Snacks direkt von der Pflanze!

- Ab März im Haus
- 0,5–1 cm
- 7–14 Tage, 20–24 °C
- Ab Mitte Mai, nach den letzten Frösten
- 1 Pflanze pro Gefäß (mind. 25–30 cm Durchmesser)
- Sonnig, windgeschützt
- Juli bis Oktober

DAS SPART ZEIT

Das Ausgeizen ist bei Topf- und Hängetomaten nicht erforderlich.

MÖHRE 'PARISER MARKT'

Die 'Pariser Markt' ist eine kompakte, rundliche Karottensorte, die sich perfekt für flachere Pflanzgefäße eignet. Sie ist besonders pflegeleicht und gedeiht auch im Balkonkasten. Ich finde sie praktisch, weil sie wenig Aufwand erfordert und schnell geerntet werden kann. Mit ihrem süßen, aromatischen Geschmack sind die kleinen Möhren ideal als knackiger Snack.

- Ab März bis Juli direkt ins Pflanzgefäß
- 0,5–1 cm Erde
- 10–20 Tage, 12–18 °C
- Ab März direkt ins Freiland
- 3–5 cm Pflanzabstand,
  20–25 cm Reihenabstand
- Sonnig bis halbschattig
- Juni bis Oktober, je nach Aussaatzeitpunkt

MEXIKANISCHE MINIGURKE

Die Mexikanische Minigurke ist perfekt für den Balkon und bringt mit ihren kleinen Früchten Abwechslung. Die Gurken sehen aus wie winzige Wassermelonen und haben einen erfrischend säuerlichen Geschmack, ideal für Salate oder als Snack. Ich mag sie, weil sie mit wenig Platz auskommt, schnell an Kletterhilfen hochwächst und eine reiche Ernte liefert. Ein sonniger Standort, regelmäßiges Gießen und eine Rankhilfe genügen, um den Sommer über die knackigen Früchte zu genießen.

- Ab Mitte Mai direkt ins Pflanzgefäß
- Ab April im Haus, ab Mitte Mai ins Freie
- 1 cm
- 7–14 Tage, 20–25 °C
- Ab Mitte Mai, nach den letzten Frösten
- 30–40 cm, 1 Pflanze pro Topf
  (mind. 30 cm Durchmesser)
- Sonnig bis halbschattig
- Juli bis Oktober

FRÜHKARTOFFEL

Frühkartoffeln sind eine tolle Möglichkeit, schon im Frühsommer eigene Kartoffeln zu ernten – selbst auf dem Balkon! Ich finde es spannend, wie einfach es ist, sie in großen Töpfen oder Pflanzsäcken anzubauen. Es gibt verschiedene Sorten, wie 'Annabelle' oder 'Sieglinde', die sich besonders gut eignen und früh reifen.

- Ab Februar/März im Haus vorkeimen lassen
- 2–3 Wochen Vorkeimung bei 10–15 °C
- Ab Mitte bis Ende März, je nach Witterung
- 2–3 Knollen pro Topf (mind. 40 cm Durchmesser)
- Sonnig
- Juni bis Juli

SÜSSKARTOFFEL

Die Süßkartoffel wird weltweit angebaut, ursprünglich stammt sie aus den tropischen Regionen Südamerikas. Die Süßkartoffel zeichnet sich durch ihre längliche, knollige Form aus. Geschmacklich erinnert sie an eine Mischung aus Kartoffel und Möhre, wobei sie süßlich schmeckt. Während sie wächst, produziert die Süßkartoffelpflanze herzförmige Blätter und kleine Blüten in verschiedenen Farben wie Weiß, Rosa oder Lila. Die Süßkartoffel kann erfolgreich auf dem Balkon angebaut werden und bietet einen großen Ertrag mit minimalem Aufwand.

- Ab Februar im Haus vorkeimen oder ab Mai Setzlinge kaufen
- Vorkeimung bei 18–24 °C, 2–4 Wochen
- Vorgekeimte Knollen 10–15 cm tief setzen
- Ab Mitte Mai, nach den letzten Frösten
- 1 Pflanze pro Pflanzgefäß (mind. 40 cm Durchmesser)
- Sonnig
- Oktober bis November, kurz vor dem ersten Frost

MEIN TIPP

Süßkartoffeln sollten nicht direkt nach der Ernte verzehrt werden. Lagere sie für 1–2 Wochen an einem dunklen Ort bei Zimmertemperatur. Erst durch diese Lagerung entfalten sie ihr volles Aroma.

TOPF-HOKKAIDO 'ZORA'

Der Topf-Hokkaido 'Zora' ist für mich die perfekte Wahl, wenn man auf dem Balkon Kürbisse ernten möchte. Diese kompakte Variante des Hokkaido-Kürbisses liefert kleine, aromatische Früchte, die etwa 1 bis 1,5 kg schwer werden – ideal für Suppen und Ofengerichte. Ich pflanze 'Zora' in einen großen Kübel mit nährstoffreicher Erde und etwas Kompost, um das Beste aus der Pflanze herauszuholen. Mit ihrem platzsparenden Wuchs – die Ranken werden nur etwa 1 m lang – und der einfachen Pflege ist sie perfekt für den Balkongarten. So kann man zwei bis drei leckere Kürbisse pro Pflanze ernten, ohne viel Aufwand und Platzbedarf.

- Ab Mitte Mai direkt in große Pflanzgefäße
- Ab April im Haus
- 2–3 cm
- 7–14 Tage, 20–24 °C
- Ab Mitte Mai, nach den letzten Frösten
- 1 Pflanze pro Topf (mind. 40–50 cm Durchmesser)
- Sonnig
- August bis Oktober, wenn der Stiel verholzt ist

KLETTERZUCCHINI 'QUINE'

Die Kletterzucchini 'Quine' passt perfekt in den Balkongarten, wenn wenig Platz zur Verfügung steht. Sie liefert nicht nur leckere Zucchini, sondern lässt sich auch flexibel anbauen: Sie kann entweder an einer Rankhilfe nach oben wachsen oder im Topf nach unten Richtung Boden ranken. So braucht sie nur wenig Platz und ist leicht zu pflegen.

- Ab Mitte Mai direkt in große Pflanzgefäße
- Ab April im Haus
- 2–3 cm
- 7–14 Tage, 20–24 °C
- Ab Mitte Mai, nach den letzten Frösten
- 1 Pflanze pro Topf (mind. 40–50 cm Durchmesser)
- Sonnig
- Juli bis Oktober

PAPRIKA

Die Paprika gehört zur Familie der Nachtschattengewächse und ist bekannt für ihre Vielfalt an Formen und Farben, die von leuchtendem Rot, Gelb und Orange bis hin zu dunklem Violett und sogar Schwarz reichen. Ihre Früchte können länglich, kegelförmig oder rund geformt sein, je nach Sorte. Für den Anbau auf dem Balkon eignet sich die Paprika hervorragend, da sie wenig Platz benötigt und in großen Töpfen oder Kübeln gut wächst. Dabei ist es wichtig, einen sonnigen Standort zu wählen, da Paprikas viel Licht benötigen, um Früchte zu bilden.

- Ab Februar im Haus
- 0,5–1 cm
- 7–14 Tage, 22–25 °C
- Ab Mitte Mai, nach den letzten Frösten
- 40 cm; 1 Pflanze pro Topf (mind. 30 cm Durchmesser)
- Sonnig
- August

CHILI

Die Chili beeindruckt durch ihre Vielfalt an Formen, Farben und Schärfegraden. Von kleinen scharfen Peperoni über Cayenne-Chilis bis hin zu den intensiven Habaneros – da ist für jeden Geschmack etwas dabei. Die Farben reichen von leuchtendem Rot über Orange und Gelb bis hin zu Schwarz, und die Schärfe variiert von mild bis extrem scharf, je nach Sorte und Reifegrad. Auf dem Balkon fühlen sich Chilis besonders wohl, da sie wenig Platz brauchen und wunderbar in Töpfen oder Balkonkästen wachsen.

- Ab Februar im Haus
- 0,5–1 cm
- 10–20 Tage, 20–25 °C
- Ab Mitte Mai, nach den letzten Frösten
- 1 Pflanze pro Topf (mind. 20–30 cm Durchmesser)
- Sonnig, warm, windgeschützt
- Juli bis Oktober

MEIN TIPP

Die Sorte ‘Lila Luzi’ mag ich am liebsten, da ihre unterschiedlich farbigen Früchte sie zu einem echten Hingucker im Pflanzkasten machen. Ihr Schärfegrad von 7 bis 10 ist allerdings nicht zu unterschätzen.

PFLÜCK- UND SCHNITTSALAT

Pflück- und Schnittsalate sind Salatsorten, die keine festen Köpfe bilden. Ihre zarten und knackigen Blätter können einzeln geerntet werden, ohne die Pflanze zu schädigen. Das Besondere an ihnen ist, dass sie schnell nachwachsen, sodass du regelmäßig ernten kannst. Auf dem Balkon sind sie besonders beliebt, da sie wenig Platz benötigen und sich auch in schattigen Bereichen gut entwickeln. Übrigens: Du kannst sie fast das ganze Jahr über ernten.

- Ab März bis September direkt ins Pflanzgefäß
- 0,5–1 cm
- 7–14 Tage, 10–20 °C
- 15–20 cm Pflanzabstand, 25–30 cm Reihenabstand; in Pflanzgefäßen gleichmäßig verteilen
- Sonnig bis halbschattig
- Ab etwa 3–4 Wochen nach der Aussaat, fortlaufend bis Oktober

MEIN TIPP

Sobald die Blätter etwa 5 bis 10 cm lang sind, kannst du sie von außen pflücken. Lass das Herz des Salates stehen, damit er weiter nachwächst und du immer wieder ernten kannst.

KOHLRABI

Kohlrabi ist ein tolles Gemüse für Gartenneulinge, es gibt die Pflanze in den Farben Grün und Lila. Dieses Gemüse ist nicht nur einfach anzubauen, sondern zählt auch zu den ersten, die im Jahr gepflanzt werden können. Der Anbau auf dem Balkon ist unkompliziert, und bereits nach 8 bis 12 Wochen können die ersten erntereifen Knollen geerntet werden. Achte beim Einpflanzen von Setzlingen darauf, dass sie nicht tiefer gesetzt werden, als sie im Topf sitzen, damit sich die charakteristische Knolle entwickeln kann.

- Ab April
- Ab Februar/März im Haus
- 1–2 cm
- 7–14 Tage, 15–20 °C
- Ab März ins Frühbeet
- 20–25 cm, 1–2 Pflanzen pro Topf (mind. 30 cm Durchmesser)
- Sonnig bis halbschattig
- Etwa 8–12 Wochen nach der Aussaat, je nach Sorte und Witterung

MEIN TIPP

Kohlrabi wächst am besten im Frühling und Herbst, weil er kühles Wetter liebt. Er bleibt dann zart, wird weniger holzig und platzt nicht so leicht auf.

ZITRONENBAUM

Zitronenbäume sind eine schöne Ergänzung für den Balkon, da sie nicht nur hübsch aussehen, sondern auch duftende Blüten und frische Früchte liefern. Ich liebe es, meinen Zitronenbaum im Sommer draußen zu haben, wo er viel Sonne und Wärme bekommt. Zitronenbäume bevorzugen sonnige, windgeschützte Plätze und gedeihen am besten in großen Töpfen, die ausreichend Platz für ihr Wurzelwachstum bieten.

- Nicht empfohlen, Jungbaum kaufen
- Ab Mai, nach den letzten Frösten
- 1 Pflanze pro Topf (mind. 40–50 cm Durchmesser)
- Sonnig, warm, windgeschützt
- Meist im Frühjahr
- Früchte reifen ab Herbst

MEIN TIPP

Stelle den Zitronenbaum im Herbst an einen hellen, kühlen Ort im Haus. Reduziere das Gießen auf ein Minimum und dünge die Pflanze während der Wintermonate nicht.

FEIGENBAUM

Feigenbäume sind ideal für den Balkon, da sie pflegeleicht, robust und kälteresistent sind. Sie wachsen gut in Töpfen, lieben sonnige Standorte und benötigen durchlässige Erde, um Staunässe zu vermeiden. Im Sommer brauchen sie viel Wasser, im Winter können sie auf dem Balkon bleiben, wenn sie gut geschützt werden. Mit der richtigen Pflege liefern sie dekorative Blätter und süße Früchte.

- Nicht empfohlen, besser einen Jungbaum kaufen
- 1 Pflanze pro Topf (mind. 40–50 cm Durchmesser)
- Sonnig, warm, windgeschützt
- Hauptblütezeit im Frühling
- Früchte reifen im Spätsommer und Herbst

BLAUBEERE

Blaubeeren sind ideal für den Balkon, da sie pflegeleicht und platzsparend sind. In großen Töpfen mit saurer, humusreicher Erde wie Rhododendronerde wachsen sie besonders gut. Ein sonniger bis halbschattiger Standort und regelmäßiges Gießen fördern eine reiche Ernte ab Juli. Die süßen Beeren eignen sich perfekt für Müsli, Desserts oder als frischer Snack – eine leckere Bereicherung für jeden Balkon.

- Nicht empfohlen, besser Jungpflanzen verwenden
- Ab April
- 1 Pflanze pro Topf (mind. 40–50 cm Durchmesser)
- Sonnig bis halbschattig
- Juli bis September

MEIN TIPP

Für einen besseren Ertrag pflanze zwei Blaubeersträucher nebeneinander. So profitieren die Pflanzen von der Fremdbestäubung und beide Pflanzen werden dadurch reicher tragen.

ERDBEERE

Erdbeeren gehören zu meinen Favoriten im Balkongarten. Sorten wie ‘Mieze Schindler’ oder ‘Senga Sengana’ sind besonders ertragreich und liefern süße, saftige Früchte. Erdbeeren sind perfekt für Hängekörbe oder den Balkonkasten. Sie benötigen viel Sonne und eine gleichmäßige Wasserversorgung.

- Nicht empfohlen, besser Jungpflanzen kaufen
- Ab April
- 25–30 cm, 1–2 Pflanzen pro Topf (mind. 25–30 cm Durchmesser)
- Sonnig bis halbschattig
- Mai bis Juli (je nach Sorte)

MEIN TIPP

Mulche deine Erdbeeren mit Stroh, um die Feuchtigkeit im Boden zu halten.

OLIVENBAUM

Ein Olivenbaum auf dem Balkon holt ein Stück mediterranes Flair direkt nach Hause. Ich finde ihn besonders spannend, weil er nicht nur schön aussieht, sondern mit etwas Geduld auch echte Oliven tragen kann. Olivenbäume lieben sonnige, warme Plätze und gedeihen besonders gut in großen Töpfen mit durchlässiger, sandiger Erde. Es ist wichtig, den Baum vor starkem Wind zu schützen, damit die Äste keinen Schaden nehmen. Im Winter sollte der Olivenbaum ins Haus gebracht werden, an einen kühlen und hellen Ort, damit er gut überwintern kann.

- Nicht empfohlen, besser als Jungbaum kaufen
- Ab Mai
- 1 Pflanze pro Topf (mind. 40–50 cm Durchmesser)
- Sonnig, warm, windgeschützt
- Blütezeit im Frühjahr
- Oliven reifen im Spätherbst bis Winter (je nach Klima)

ANANASKIRSCHE

Die Ananaskirsche, besser bekannt als Physalis, ist eine exotische Frucht, die sich sehr gut für Töpfe eignet. Ihre gelb-orangefarbenen Früchte, die von einer papierartigen Hülle umgeben sind, bieten ein süß-säuerliches Aroma, das an eine Mischung aus Ananas und Erdbeere erinnert. Sie bevorzugt sonnige Standorte und regelmäßiges Gießen. Die Pflanze ist pflegeleicht und liefert eine reiche Ernte.

- Nicht möglich, besser Voranzucht oder Jungpflanze kaufen
- Ab Februar im Haus
- 0,5 cm, nur leicht andrücken
- 10–14 Tage, 20–25 °C
- Ab Mitte Mai, nach den letzten Frösten
- 1 Pflanze pro Topf (mind. 30 cm Durchmesser)
- Sonnig, warm, windgeschützt
- Juli bis Oktober, wenn die Früchte von selbst abfallen

MEIN TIPP

Die Ananaskirsche ist frostempfindlich und kann im Haus überwintert werden.

APFELBAUM

Zwergapfelbäume sind perfekt für den Balkongarten. Sorten wie 'Golden Spur' oder 'Ballerina' wachsen kompakt und liefern leckere Äpfel. Diese Bäume haben im Frühling schöne Blüten und tragen im Herbst Früchte. Sie benötigen viel Sonne und eine regelmäßige Pflege, einschließlich Gießen und Düngen. Apfelbäume sollten in großen Töpfen gepflanzt werden, um genügend Platz für das Wurzelsystem zu haben.

- Nicht empfohlen, besser veredelte Jungbäume kaufen
- Ab März bis Mai oder im Herbst in große Pflanzgefäße setzen
- 1 Pflanze pro Topf (mind. 50–60 cm Durchmesser)
- Sonnig, windgeschützt
- August bis Oktober, je nach Sorte

MELONENBIRNE

Die Melonenbirne, auch Pepino genannt, ist eine exotische Pflanze, die sich hervorragend für den Anbau in Töpfen, Hängeampeln oder Balkonkästen eignet. Ihre Früchte erinnern geschmacklich an eine Mischung aus Melone und Birne. Die Pflanze bevorzugt sonnige, warme Standorte und gedeiht gut in durchlässiger, nährstoffreicher Erde. Die Pflanzen benötigen eine Rankhilfe, um die schweren Früchte zu stützen.

- Ab Februar im Haus
- 0,5–1 cm
- 2–4 Wochen bei 20-25 °C
- Ab Mitte Mai, nach den letzten Frösten
- 1 Pflanze pro Topf (mind. 30–40 cm Durchmesser)
- Sonnig, warm, windgeschützt
- August bis Oktober, wenn die Früchte gelb werden und bei Druck leicht nachgeben

DAS ASIA-BEET

Hol dir die frischen Zutaten für deine asiatischen Lieblingsgerichte direkt vom Balkon! Pflanze Thai-Chili, Thai-Basilikum, Aubergine, Frühlingszwiebeln und Koriander. Genieße die Vielfalt der asiatischen Küche mit selbst angebauten aromatischen Kräutern und Gewürzen – frisch und immer griffbereit.

ZEITAUFWAND: MITTEL

→ Regelmäßig gießen

→ Ab Juli alle 2 Wochen die beiden Starkzehrer (Aubergine & Chili) düngen

→ Ernten

Das benötigst du

- → 1 Pflanzkasten (80 x 25 x 17 cm)
- → Blähton, Kies oder Tonscherben
- → Wasserdurchlässiges Vlies
- → Bio-Gemüseerde
- → Organischer Langzeitdünger, z. B. Schafwollpellets
- → Organischer Flüssigdünger
- → 1 x Topfaubergine (Sortentipp: 'Patio Baby')
- → 1 x Thai-Chili
- → 8 Setzlinge der Frühlingszwiebel
- → Saatgut Thai-Basilikum
- → Saatgut Koriander

Pflanze	Voranzucht	Direktsaat	Freilandpflanzung	Wuchshöhe
Topfaubergine	Februar	-	Mitte Mai	30–60 cm
Thai-Chili	Februar	-	Mitte Mai	20–40 cm
Frühlingszwiebel	Februar	März	März	30–50 cm
Thai-Basilikum*	April	Mai	Mitte Mai	30 cm
Koriander*	April	Mai	Mitte Mai	30 cm

*Lichtkeimer

Beet-Maße: 80 x 25 x 17 cm

Sonnig

So geht's

MITTE MAI

- → Fülle den Pflanzkasten mit einer Drainageschicht, Vlies und Erde. Mische direkt eine Handvoll Schafwollpellets oder anderen Langzeitdünger unter.
- → Pflanze die **Topfaubergine** und die **Thai-Chili** im äußersten Bereich des Kastens. Setze die **Frühlingszwiebeln** im Hintergrund in eine Reihe.
- → Säe im vorderen Bereich des Kastens das **Thai-Basilikum** und den **Koriander** aus. Beide sind Lichtkeimer, daher drücke die Samen nur leicht an und bedecke sie nicht mit Erde.

JUNI

- → Das **Thai-Basilikum** und der **Koriander** sind aufgegangen und entwickeln erste Blätter.
- → Halte den Boden feucht und entferne ggf. Unkraut.
- → Die **Thai-Chili** bildet die ersten Blüten.

JULI

- → Die ersten Blätter des **Korianders** und des **Thai-Basilikums** können geerntet werden.
- → Ende Juli sind die ersten **Frühlingszwiebeln** erntereif.
- → Die **Topfaubergine** hat jetzt wunderschöne lilafarbene Blüten. Um die Bestäubung zu unterstützen, kannst du die Blüten leicht schütteln. Die Bestäubung bei Auberginen erfolgt hauptsächlich durch Insekten oder Wind. Nicht bestäubte Blüten werden abfallen.
- → Die ersten **Thai-Chilis** werden rot und sind bereit für die Ernte. Auch die ersten **Frühlingszwiebeln** können geerntet werden.
- → Bei heißem Wetter gehen **Koriander** und **Thai-Basilikum** schnell in die Blüte. Schneide die Blüten regelmäßig ab, damit die Pflanzen weiter Blätter bilden.
- → Dünge nun alle zwei Wochen die **Thai-Chili** und die **Topfaubergine**. Beide Pflanzen sind Starkzehrer.
- → Gieße regelmäßig und halte den Boden feucht, besonders bei heißem Wetter.

AUGUST

→ Schneide erste Blüten des **Thai-Basilikums** ab, um die Samenbildung hinauszuzögern. Dies fördert auch das Wachstum neuer Blätter und verlängert die Erntezeit.

→ Die **Thai-Chili** hängt voller roter Chilis. Eine Möglichkeit zur Haltbarmachung ist das Trocknen.

→ Die **Topfaubergine** entwickelt jetzt die ersten Früchte. Stütze die Pflanze ggf. mit einem kleinen Stab.

→ Gieße die Pflanzen regelmäßig, damit der Pflanzkasten nicht austrocknet.

→ Dünge die **Topfaubergine** und die **Thai-Chili** weiterhin alle 2 Wochen.

SEPTEMBER

→ Die **Topfauberginen** sind jetzt reif. Du erkennst dies daran, dass sie eine gleichmäßig glänzende Farbe haben und bei leichtem Druck nachgeben.

→ Die **Koriander-Samen** reifen. Sammle die Samen, wenn sie braun und trocken sind.

DAS SPART ZEIT!

→ Kaufe dir vorgezogene Pflanzen im Gartencenter, um dir das Aussäen von Samen und das Aufziehen der Keimlinge zu sparen. So kannst du deine Pflanzen sofort einpflanzen und dich auf deren Wachstum und Pflege konzentrieren.

→ Verwende organische Mulchmaterialien wie Stroh oder Grasschnitt, um den Boden feucht zu halten und die Verdunstung zu reduzieren.

BEETPLAN

DER PERFEKTE GURKENSALAT

Stell dir vor, du könntest alle Zutaten für deinen Gurkensalat direkt von deinem Balkon ernten. Das ist möglich in nur einem Pflanzkübel. Gurke, Dill und Borretsch bilden im Pflanzkübel eine harmonische Mischkultur. Der Dill schützt die Gurke vor Schädlingen wie Blattläusen, während der Borretsch mit seinen blauen Blüten Nützlinge anzieht, die die Gurke bestäuben.

ZEITAUFWAND: GERING

→ Regelmäßig gießen

→ Gurkenranken hochbinden

→ Ab Juli alle 2 Wochen düngen

→ Regelmäßig ernten

Das benötigst du

→ 1 großer Pflanztopf (40–50 cm Durchmesser)
→ 1 Untersetzer
→ 1 Rankgerüst
→ Bio-Gemüseerde
→ Blähton oder Tonscherben
→ Wasserdurchlässiges Vlies
→ Organischer Langzeitdünger, z. B. Schafwollpellets
→ Organischer Flüssigdünger
→ 1 Freilandgurke (Sortentipp: 'Tanja')
→ Borretsch-Samen
→ Dill-Samen oder -Pflanzen

Pflanze	Voranzucht	Direktsaat	Freilandpflanzung	Wuchshöhe
Gurke	April	Mitte Mai	Mitte Mai	180–200 cm
Borretsch	April	Mitte Mai	Mitte Mai	60 cm
Dill*	April	Mitte Mai	Mitte Mai	60–100 cm

*Lichtkeimer

Beet-Maße: 40–50 cm Durchmesser

Sonnig bis halbschattig, windgeschützt

So geht's

MAI

- Prüfe, ob dein Pflanztopf am Boden Abflusslöcher hat. Falls keine vorhanden sind, bohre Löcher hinein, damit überschüssiges Wasser abfließen kann.
- Gib eine ca. 5 cm hohe Drainageschicht aus Blähton oder Tonscherben in den Boden des Pflanztopfes und lege darauf ein wasserdurchlässiges Vlies. Anschließend füllst du den Topf mit der Bio-Gemüseerde auf. Grabe in der Mitte ein Pflanzloch. Gib eine Handvoll Schafwollpellets hinein.
- Nach den Eisheiligen kann es mit der Bepflanzung losgehen. Setze die **Gurkenpflanze** etwas tiefer in das Pflanzloch. Achte darauf, dass die Pflanze stabil steht. Als nächstes stellst du das Rankgerüst hinter die Gurkenpflanze.
- Der **Borretsch** wird rechts und links neben der Gurke gesät, ca. 2 Samen pro Seite. Der **Dill** kommt in den vorderen, noch freien Bereich des Topfes, entweder als Jungpflanze oder als Samen.
- Gieße den Pflanztopf gut an.

JUNI

- Der **Dill** sowie der **Borretsch** sind aufgegangen.
- Entferne die schwächeren **Borretsch-Pflanzen,** sodass links und rechts von der Gurke jeweils nur eine kräftige Pflanze verbleibt.
- Fädel die Ausläufer der **Gurke** am Rankgerüst ein oder binde sie an. Je nach Gurkensorte werden sie stark ranken. Du kannst lange Triebe einfach abschneiden, wenn sie zu üppig werden.
- Um eine größere Gurkenernte zu bekommen, brich die ersten zwei Fruchtansätze aus.

MEIN TIPP

Das Ausbrechen der ersten ein bis drei Fruchtansätze deiner Gurke stärkt die Pflanze und fördert das Wurzelwachstum. Auch wenn es schwerfällt, knipse sie einfach mit den Fingern ab. Bei Sorten mit männlichen und weiblichen Blüten entferne nur die weiblichen Blüten. Du erkennst sie an dem kleinen verdickten Fruchtansatz direkt unter der Blüte, der wie eine Mini-Gurke aussieht. Die männlichen Blüten hingegen sitzen auf einem dünnen Stängel ohne Verdickung darunter und dienen lediglich der Bestäubung.

JULI UND AUGUST

→ Die ersten **Gurken** können geerntet werden. Von der Blüte bis zur ersten Ernte sind es ca. 3 Wochen.

→ Der **Borretsch** blüht und die ersten Blüten können geerntet werden. Auch der **Dill** ist erntebereit.

→ Die ersten Pilzerkrankungen wie Falscher Mehltau und Echter Mehltau können bei der Gurke auftreten, erkennbar an braunen Blättern oder einem weißen Belag. Entferne die infizierten Blätter, um die Ausbreitung möglichst zu verhindern.

→ Dünge die **Gurke** ab Mitte Juli alle zwei Wochen mit dem organischen Flüssigdünger.

MEIN TIPP

Ernte deine Gurken regelmäßig, um den Ertrag zu steigern und neue Blüten zu fördern. Gieße die Pflanzen nicht mit zu kaltem Wasser, denn das mögen sie gar nicht.

SEPTEMBER UND OKTOBER

→ Gieße deine Pflanzen weiterhin regelmäßig und dünge sie alle 2 Wochen.

→ **Gurken, Dill und Borretsch** können bis zum ersten Frost geerntet werden.

EIN ITALIENISCHER PFLANZTOPF

Selbst in einem Pflanztopf ist es möglich, Gemüse, aromatische Kräuter und farbenfrohe Blumen gemeinsam anzubauen. Die Kombination von Tomate, Basilikum und Zinnie bildet eine schöne Mischkultur: Die Zinnie zieht mit ihren Blüten Insekten an und unterstützt so die Bestäubung der Tomate. Gleichzeitig dient das Basilikum als natürliche Abwehr gegen Echten Mehltau und Blattläuse.

ZEITAUFWAND: MITTEL

→ Regelmäßig gießen

→ Tomate anbinden und ausgeizen

→ Ab Juli alle zwei Wochen düngen

Das benötigst du

- → 1 Pflanztopf (mindestens 40 cm Durchmesser)
- → 1 Untersetzer
- → 1 Tomatenstab
- → Bindfaden oder Tomatenclips
- → Bio-Gemüseerde
- → Blähton, Kies oder Tonscherben
- → Wasserdurchlässiges Vlies
- → Organischer Langzeitdünger, z. B. Schafwollpellets
- → Organischer Flüssigdünger für Tomaten
- → 1 Stabtomate (Sortentipp: Ochsenherz 'Coeur de Boeuf')
- → 1 Topf-Basilikum oder Saatgut von Basilikum (Sortentipp: 'Genoveser')
- → Saatgut von kleinwüchsigen Zinnien, max. Höhe: 20–30 cm (Sortentipp: 'Profusion Mischung')

Pflanze	Voranzucht	Direktsaat	Freilandpflanzung	Wuchshöhe
Stabtomate	Mitte März	-	Mitte Mai	bis 2 m
Basilikum*	April	Mitte Mai	Mitte Mai	20–50 cm
Zinnie	April	Mitte Mai	Mitte Mai	20–30 cm (kleinwüchsige Sorte)

*Lichtkeimer

Beet-Maße: 40 cm Durchmesser

Sonnig, windgeschützt

So geht's

MITTE MAI

→ Bohre ggf. Löcher in den Pflanztopf, damit überschüssiges Wasser abfließen kann.

→ Beginne mit einer ca. 5 cm hohen Drainageschicht aus Blähton oder Tonscherben im Pflanztopf, lege ein wasserdurchlässiges Vlies als Trennschicht darauf und fülle mit Bio-Gemüseerde auf.

→ Gib eine Handvoll Schafwollpellets ins Pflanzloch und setze dann die vorgezogene oder gekaufte **Stabtomate** in die Mitte des Topfes. Die Pflanze kann dabei tiefergesetzt werden, sodass ein Teil des Stängels mit Erde bedeckt ist. Dies fördert die Wurzelbildung und stärkt die Pflanze.

→ Unterstütze die **Tomate** mit einem Tomatenstab, damit sie nicht umfällt. Binde die Pflanze regelmäßig an. Entferne die Blätter, die den Boden berühren oder ihm sehr nah sind, um Krankheiten wie Kraut- und Braunfäule vorzubeugen (siehe Seiten 118 und 119).

→ Streue das **Basilikum-Saatgut** (Lichtkeimer) um die Tomatenpflanze herum oder platziere vorgezogenes oder gekauftes **Basilikum** im Abstand von 10 cm. Wenn du Basilikum im Supermarkt kaufst, teile den Topf in 4 bis 5 Pflanzen, da sie oft zu dicht gesät sind.

→ Säe jeweils vier **Zinnien-Samen** in den äußeren Bereich des Topfes. Verteile die Samen gleichmäßig an drei Stellen: der Vorderseite, der Rückseite und an einer Seite rechts oder links. So entstehen drei gleichmäßige Pflanzgruppen. Da sie Dunkelkeimer sind, stecke die Samen 0,5 bis 1 cm tief in die Erde.

→ Achte darauf, die Pflanzen regelmäßig zu gießen, aber immer nur von unten, um nasse Blätter der Tomate und dadurch verursachte Krankheiten zu vermeiden.

DAS SPART ZEIT!

Kaufe im Mai die Tomate und das Basilikum in einem Gartencenter oder einer Gärtnerei.

JUNI

→ Sobald die **Zinnien** Jungpflanzen sind, entferne die schwächeren Pflanzen, sodass am Ende nur zwei kräftige Pflanzen stehen bleiben.

→ Die ersten Blätter des **Basilikums** können geerntet werden.

→ Zudem ist es wichtig, die **Tomate** auszugeizen, also die Seitentriebe zu entfernen, um die Kraft der Pflanze auf den starken Haupttrieb zu konzentrieren.

DIESER KLEINE TRIEB SOLLTE AUSGEGEIZT WERDEN.

JULI UND AUGUST

→ Mit der Düngung kannst du ab Mitte Juli beginnen. Verwende dafür den Flüssigdünger. Die Tomate als Starkzehrer und auch das Basilikum freuen sich über die extra Portion Nährstoffe.

→ Die **Tomate** sollte weiterhin ausgegeizt werden. Die ersten grünen Tomaten sind sichtbar.

→ Ernte das **Basilikum** regelmäßig.

→ Die **Zinnien** sollten jetzt in voller Blüte stehen. Entferne verwelkte Blüten und Blätter. Die bunten Blütenblätter kannst du als Hingucker im Salat verwenden.

→ An heißen Sommertagen empfiehlt es sich, täglich zu gießen. Insbesondere bei den Tomaten solltest du auf eine konstante Wasserversorgung achten, ansonsten reißen die Früchte ein bzw. es wachsen weniger und/oder kleinere Früchte.

→ Die ersten **Tomaten** sind Anfang August erntebereit.

MEIN TIPP

Basilikum erntest du am besten, indem du die obersten Blätter abknipst. Schneide dabei direkt über einem Blattpaar, um die Bildung von Seitentrieben zu fördern. Dies regt das Wachstum der Pflanze an und sorgt für eine dichtere und buschigere Form.

SEPTEMBER UND OKTOBER

→ Weiterhin können **Tomaten, Basilikum und Zinnien** geerntet werden. Die Erntezeit endet mit den ersten Nachtfrösten.

→ **Zinnien** kannst du als Schnittblume in eine Vase stellen. Ihre Haltbarkeit beträgt 5 bis 10 Tage.

MEIN TIPP

Ab Ende Oktober werden grüne Tomaten meist nicht mehr am Strauch reif. Pflücke sie ab und packe sie mit einem Apfel in Zeitungspapier oder eine Papiertüte. Bei Zimmertemperatur reifen sie so in 1–3 Wochen nach.

SORTENEMPFEHLUNG FÜR STABTOMATEN

Sorte	Besonderheit	Wuchshöhe
'Coeur de Boeuf'	Fleischige, rosafarbene Früchte mit einem süßen Aroma. Sie eignen sich hervorragend für Caprese-Salate.	160–200 cm
'Matina'	Robuste und klassische Salattomate. Fruchtig, süß-säuerliches Aroma.	160–200 cm
'San Marzano'	Kräftiger, fruchtiger Geschmack. Mittelgroße Früchte, perfekt für Soßen und Salate.	150–180 cm
'Yellow Pear'	Kleine, gelbe, birnenförmige Tomaten mit einem süßen, fruchtigen Geschmack. Ideal als Snack.	180–210 cm

ERDBEER-LIEBE

Du möchtest im Sommer frische Erdbeeren vom Balkon naschen? Dann ist dieser Pflanzplan genau der richtige für dich. Erdbeeren und Knoblauch sind eine perfekte Kombination im Pflanzkasten. Besonders gut für den Balkonanbau eignet sich die Erdbeersorte 'Senga Sengana'. Diese zeichnet sich durch ihre mittelgroßen dunkelroten Früchte mit intensiv süßem und aromatischem Geschmack aus. Die Erntezeit für diese Erdbeeren liegt von Juni bis Juli. Der Knoblauch hilft dabei, Schädlinge und Krankheiten fernzuhalten, indem er Stoffe abgibt, die Pilze stoppen und Insekten vertreiben.

ZEITAUFWAND: GERING

→ Die Erdbeeren alle 4–6 Wochen während der Blütezeit und Fruchtbildung mit einem organischen Flüssigdünger düngen

→ Regelmäßig gießen und ernten

→ Ausläufer abschneiden

Das benötigst du

→ 1 Blumenkasten (60 x 17,5 x 14,5 cm, idealerweise mit einem Wasserreservoir)

→ Blähton, Kies oder Tonscherben

→ Wasserdurchlässiges Vlies

→ Hochwertige, nährstoffreiche Erde für Beerenobst

→ Organischer Langzeitdünger, z. B. Schafwollpellets

→ Organischer Flüssigdünger für Beerenobst

→ Stroh

→ 3 Erdbeerpflanzen der Sorte 'Senga Sengana'

→ Pflanzknoblauch

Beet-Maße: 60 x 17,5 x 14,5 cm

Sonnig bis halbschattig

So geht's

MÄRZ UND APRIL

→ Fülle den Kasten, wenn er kein Wasserreservoir hat, mit einer ca. 2 cm hohen Drainageschicht aus Blähton, Kies oder Tonscherben und lege anschließend ein wasserdurchlässiges Vlies darüber, um eine saubere Trennung zur Erde zu schaffen.

→ Fülle die Erde hinein und mische eine Handvoll Schafwollpellets unter. Setze die gekauften **Erdbeerpflanzen** mit etwa 20 cm Abstand in den Kasten. So haben sie genug Platz zum Wachsen.

→ Stecke die beiden **Knoblauchzehen** zwischen die Erdbeerpflanzen. Verwende Pflanzknoblauch aus dem Gartencenter, da der Knoblauch aus dem Supermarkt oft so gezüchtet wird, dass der Austrieb gehemmt ist.

MULCHE DEN PFLANZKASTEN MIT STROH. DAS SCHÜTZT DIE ERDBEEREN VOR FÄULNIS. ZUDEM WIRD EIN ZU SCHNELLES AUSTROCKNEN DER ERDE VERHINDERT.

SCHNEIDE DEINE ERDBEERPFLANZEN ZURÜCK, UM IHR WACHSTUM IM NÄCHSTEN JAHR ZU FÖRDERN.

MAI BIS JULI

→ Gieße deine **Erdbeeren** regelmäßig, besonders während der Blüte- und Fruchtzeit.

→ Stelle sicher, dass der Blumenkasten nicht zu trocken wird, aber auch nicht unter Wasser steht.

→ Ernte die **Erdbeeren**, wenn sie eine rote Farbe haben (ca. 4–6 Wochen nach der Blütezeit).

→ Dünge alle 4 bis 6 Wochen mit einem organischen Flüssigdünger für Beerenobst während der Blütezeit und Fruchtbildung.

→ Entferne regelmäßig die Ausläufer, damit die Pflanzen ihre Energie in die Fruchtbildung stecken können.

AB ENDE AUGUST

→ Der **Knoblauch** ist nach 4 bis 6 Monaten erntereif. Das erkennst du daran, dass ein Drittel bis eine Hälfte des Laubs abgestorben und braun geworden ist.

→ Entferne alle abgestorbenen oder kranken **Erdbeeren,** um die Ausbreitung von Krankheiten zu verhindern. Achte darauf, nicht zu tief zu schneiden, um das Herz der Pflanze nicht zu beschädigen.

→ Pflanze im Oktober wieder zwei **Knoblauchzehen** zwischen deine Erdbeerpflanzen. Bereits im Juli kannst du ernten. Knoblauch, der im Herbst gesteckt wird, bildet in der Regel größere Knollen aus.

→ Bedecke den Pflanzkasten mit einer Schicht Laub oder Stroh, um die Pflanzen vor Frost zu schützen.

→ Im Winter benötigen die **Erdbeerpflanzen** wenig Wasser. Halte die Erde leicht feucht.

SORTENEMPFEHLUNGEN

Sorte	Aussehen der Früchte	Geschmack	Bestäubung
'Korona'	Große, leuchtend rote Früchte	saftig, süß	Selbst-bestäubend
'Mieze Schindler'	Klein bis mittelgroß, dunkelrot	intensiv aromatisch	Fremd-bestäubend
'Polka'	Mittelgroß, leuchtend rot	intensiv süß und saftig	Selbst-bestäubend
'Senga Sengana'	Mittelgroß, dunkelrote Früchte	intensiv süß	Selbst-bestäubend

MEIN TIPP

Wenn deine Erdbeerpflanzen Ausläufer entwickeln, die etwa 10 bis 15 Zentimeter lang sind, ist es ratsam, sie zu entfernen. Ausläufer sind Seitentriebe, die von der Hauptpflanze ausgehen und Energie für ihr eigenes Wachstum beanspruchen, was die Produktivität der Hauptpflanze beeinträchtigt. Allerdings sind diese Ausläufer nicht nutzlos – du kannst sie auch verwenden, um daraus neue Erdbeerpflanzen zu ziehen.

HINWEIS

Beim Kauf von Erdbeerpflanzen solltest du darauf achten, ob sie selbstbestäubend oder fremdbestäubend sind. Selbstbestäubende Sorten bestäuben sich selbst, während fremdbestäubende Sorten Pollen von einer anderen Erdbeerpflanze benötigen. Das bedeutet, dass bei fremdbestäubenden Sorten eine andere Erdbeerpflanze in der Nähe wachsen muss, um Früchte zu bilden.

HINWEIS

Die meisten Erdbeerpflanzen bringen in den ersten 3 bis 4 Jahren die besten Früchte. Vor allem im zweiten und dritten Jahr kannst du dich über eine reiche Ernte freuen. Danach werden die Beeren meist kleiner, daher ist es sinnvoll, die Pflanzen nach 4 Jahren zu erneuern.

DER FRÜH-STARTER

Dieser Pflanzplan ist für alle, die es schon früh in den Fingern juckt. Mit diesem kannst du Mitte März starten und nach nur wenigen Wochen frisches, schnell wachsendes Gemüse ernten. Selbst kühle Nächte sind kein Problem, wenn du ein paar einfache Vorsichtsmaßnahmen triffst. Die Mischkultur der verschiedenen Pflanzen fördert sowohl das Wachstum als auch die Gesundheit: Steckzwiebeln halten Schädlinge fern, Möhren und Radieschen profitieren von ihrer Nähe und sind weniger krankheitsanfällig, Kohlrabi und Salat ergänzen sich, da sie unterschiedliche Nährstoffe aus dem Boden ziehen. Bereite dein Beet vor und freue dich auf eine reiche Ernte – los geht's!

ZEITAUFWAND: GERING

- → Regelmäßig gießen
- → Ausdünnen der Radieschen und Möhren
- → Boden locker halten
- → Reihen unkrautfrei halten
- → Ernten

Das benötigst du

→ 1 Hochbeet (1,20 x 0,80 m)

→ 5 Steckzwiebeln (Sortentipp: 'Shakespeare')

→ 4 Salat-Setzlinge (Sortentipp: 'Lollo Bianco')

→ 4 Kohlrabi-Setzlinge (Sortentipp: 'Superschmelz')

→ Saatgut Möhren (Sortentipp: 'Pariser Markt')

→ Saatgut Radieschen (Sortentipp: 'Ostereier Mix')

→ Saatgut Pflücksalat (Sortentipp: 'Eichblatt rot')

MEIN TIPP

Ab Anfang März gibt es im Gartencenter die ersten Jungpflanzen von Salat und Kohlrabi zu kaufen. Spare dir die Voranzucht im Haus, da die Lichtverhältnisse ohne Anzuchtlampe im zeitigen Frühjahr oft nicht optimal sind. Der Salat kann zum Beispiel schnell vergeilen.

Pflanze	Voranzucht	Direktsaat	Freilandpflanzung	Wuchshöhe
Kohlrabi	Februar	April	März	25–30 cm
Möhre	-	März	-	20–30 cm
Pflücksalat	Februar	März	März	10–20 cm
Radieschen	-	März	-	10–20 cm
Salat	Februar	März	März	15–30 cm
Steckzwiebel	-	März	-	30–50 cm

*Lichtkeimer

Beet-Maße: 120 x 80 cm

Sonnig bis halbschattig

So geht's

VORBEREITUNG DES HOCHBEETS

Mein Hochbeet hat die Maße 1,20 x 0,80 m. Anfang März ist die ideale Zeit, um es für die neue Saison vorzubereiten. Wenn das Beet neu angelegt ist, kannst du direkt starten. Wurde es bereits im Vorjahr genutzt, musst du die Erde auffüllen, da sie sich über den Winter gesetzt hat. Verwende frische, nährstoffreiche Erde.

HINWEIS

Ist dein Beet kleiner als meines, kannst du natürlich Kulturen weglassen oder minimal enger setzen.

MÄRZ

→ Stecke die **Steckzwiebeln** mit der Spitze nach oben etwa 2 bis 3 cm tief in die Erde. Halte einen Abstand von 15 cm zwischen den Zwiebeln und mindestens 20 cm zu anderen Kulturen ein.

→ Säe die **Möhren-Samen** 1 cm tief und im Abstand von 15 cm zu den Steckzwiebeln. Verteile die Samen gleichmäßig, um späteres Vereinzeln zu erleichtern. Halte einen Abstand von 3 bis 4 cm zwischen den Möhren und mindestens 25 cm zu anderen Pflanzen ein.

→ Pflanze die **Salat-Setzlinge** in die nächste Reihe. Der Abstand zwischen den Salatpflanzen sollte etwa eine Handbreit betragen.

→ Setze die **Kohlrabi-Setzlinge** im Abstand von 35 cm und mit einem Abstand von 25 cm zwischen den Pflanzen, damit sie genügend Raum zur Ausbildung ihrer Knollen haben.

→ Säe die **Radieschen-Samen** 1 cm tief in die Erde, in die nächste Reihe mit einem Abstand von 35 cm. Halte einen Abstand von 3 bis 4 cm zwischen den Samen ein.

→ Säe den **Pflücksalat** im Abstand von 25 cm zu den Radieschen. Halte einen Abstand von 3 bis 4 cm zwischen den Samen ein.

→ Nach dem Pflanzen und Aussäen ist es wichtig, alles gut anzugießen.

→ Bei Temperaturen unter 5 °C solltest du das Beet mit Gartenvlies oder Folie abdecken, um die Pflanzen vor Kälte zu schützen. Wenn du ein Hochbeet mit Frühbeetaufsatz hast, setze den Deckel auf und lüfte gelegentlich, um Schimmelbildung zu vermeiden.

APRIL

→ Dünne **Radieschen und Möhren** bei Bedarf aus, da ein zu geringer Abstand ihrer Entwicklung schadet. Der Pflanzabstand sollte ca. 2 bis 3 cm betragen.

→ Entferne Unkraut und lockere den Boden.

→ Gieße regelmäßig, aber vermeide Staunässe.

→ In Nächten mit einer Temperatur von unter 5 °C solltest du dein Beet abdecken.

ENDE APRIL KÖNNEN DIE ERSTEN RADIESCHEN, PFLÜCKSALATE UND SALATE GEERNTET WERDEN.

MAI

- → **Kohlrabi** ist ein Starkzehrer, dünge ihn daher Anfang Mai mit organischem Flüssigdünger. Die anderen Kulturen benötigen keine zusätzliche Düngung.
- → Säe neuen **Salat** und neue **Radieschen** an den freigewordenen Stellen aus.
- → Gieße regelmäßig, besonders bei warmem Wetter.
- → Achte auf Blattläuse. Ein Hausmittel findest du auf Seite 120.

ANFANG JUNI

- → Ernte **Radieschen, Pflücksalat, Salat, Kohlrabi und erste Möhren.** Wenn du dein Beet nach der Ernte mit anderem Gemüse bewirtschaften möchtest, schau dir die Fortsetzung des Frühstarters als Sommerbeet ab Seite 72 an.
- → Entferne Unkraut und lockere den Boden.
- → Die Nachsaat von **Salat** ist weiterhin möglich.

MEIN TIPP

Kohlrabi sollte regelmäßig gegossen werden, da er unter Gießstress aufplatzen könnte. Achte darauf, dass der Boden feucht bleibt, um eine gleichmäßige Knollenbildung zu fördern.

HINWEIS

Die Fortsetzung, was ab Mitte Juni zu tun ist, findest du im nächsten Kapitel „Das Sommerbeet" (Seiten 72–75). Hier geht es um die Folgekultur bis zum Herbst.

DAS SOMMERBEET

Nachdem du erfolgreich die ersten Ernten im Beetplan „Der Frühstarter“ eingefahren hast, ist es Zeit, dein Hochbeet (1,20 x 0,80 m) für die nächste Wachstumsperiode vorzubereiten. In diesem Plan erfährst du, welche Pflanzen du ab Juni säen oder setzen kannst, um bis in den Herbst hinein frisches Gemüse zu ernten.

ZEITAUFWAND: MITTEL

→ Regelmäßig gießen

→ Tomaten, Basilikum und Paprika alle 2 Wochen düngen

→ Unkraut entfernen und den Boden lockern

→ Regelmäßig ernten

Das benötigst du

→ 2 Topftomaten

→ 1 Basilikum im Topf oder Saatgut von Basilikum

→ 2–3 Paprikapflanzen

→ 2 Zinnienpflanzen oder Saatgut von Zinnien

→ 6 Salat-Setzlinge oder Saatgut von Salat

DIE BLÜTEN DER ZINNIE SIND ESSBAR.

Pflanze	Voranzucht	Direktsaat	Freilandpflanzung	Wuchshöhe
Topftomate	Mitte März	-	Mitte Mai	30–50 cm
Basilikum*	April	Mitte Mai	Mitte Mai	20–50 cm
Paprika	ab Februar	-	Mitte Mai	50–80 cm
Zinnie	ab April	Mitte Mai	Mitte Mai	30–90 cm (je nach Sorte)
Salat*	ab Februar	Mitte März	Mitte März	20–30 cm

*Lichtkeimer

Beet-Maße: 120 x 80 cm

Sonnig bis halbschattig

So geht's

JUNI

→ Setze die **Topftomaten** in den hinteren Bereich des Beetes links und rechts. Gib in jedes Pflanzloch 1 TL Schafwollpellets.

→ Unterstütze die **Tomatenpflanzen** mit kleinen Stäben oder Tomatenkäfigen. Entferne regelmäßig die unteren Blätter, um die Luftzirkulation zu verbessern und Pilzkrankheiten vorzubeugen.

→ Pflanze das **Basilikum** zwischen die Tomaten.

→ Setze den **Salat** mit einer Handbreit Abstand in zwei Reihen daneben.

→ Setze die **Paprikapflanzen** neben den Salat, gib auch hier 1 TL Schafwollpellets ins Pflanzloch.

→ Entferne die erste Blüte der **Paprikapflanze,** die sogenannte Königsblüte, um das Wachstum der Pflanze zu fördern und eine bessere Verzweigung zu erreichen.

→ Ende Juni sind die **Möhren** und die ersten **Zwiebeln** erntebereit, die du im März (siehe Seite 70) ausgesät bzw. gesteckt hast.

→ An den freigewordenen Stellen kannst du eine **Zinnie** pflanzen oder 2 bis 3 Samen säen.

JULI

→ Dünge die Pflanzen alle zwei Wochen mit einem organischen Flüssigdünger.

→ Ernte die **Basilikumblätter** regelmäßig, um ein buschiges Wachstum zu fördern.

→ Achte auf Blattläuse und andere Schädlinge.

→ Die ersten reifen **Tomaten** können geerntet werden.

KÖNIGSBLÜTE ENTFERNEN

DIE GEERNTETEN MÖHREN UND ZWIEBELN

STÜTZE DIE PAPRIKA-PFLANZEN MIT EINEM STAB AB, DA DIE FRÜCHTE SCHWER WERDEN KÖNNEN.

AUGUST

→ Fortlaufend kannst du **Salat, Basilikumblätter, Tomaten und Paprika** ernten.

SEPTEMBER

→ In diesem Monat kannst du noch **Feldsalat** säen, der Anfang November geerntet werden kann.

→ Ernte weiterhin **Tomaten, Paprika und Basilikum.**

OKTOBER BIS HERBSTENDE

→ Ernte letzte **Tomaten, Paprika und Salate.**

→ **Basilikum** verträgt keinen Frost, ernte es daher vor den ersten Herbstfrösten.

→ Bereite dein Beet für den Winter vor, entferne Pflanzenreste und lockere den Boden.

SORTENEMPFEHLUNGEN

Pflanze	Sorte	Beschreibung
Topf-tomaten	‘Tiny Tim’	Kompakte, ertragreiche Sorte
Basilikum	‘Genovese’	Klassisches Basilikum, intensiv im Geschmack
Paprika	‘Mini Bell’	Kleine, süße Paprika
Salat	‘Lollo Bionda’, ‘Lollo Rosso’, Endivien	Hitzetolerante Salatsorten, die sich besonders gut für den Sommeranbau eignen, da sie nicht so schnell schießen
Zinnie	‘Profusion Mischung’	Kompakte, robuste Sorte mit großen, farbenfrohen Blüten in Orange, Rosa, Rot, Weiß und Gelb. Blüht von Sommer bis Herbst und hat essbare Blütenblätter.

WAS IST EINE TOPFTOMATE?

Topftomaten sind spezielle Tomatensorten, die besonders gut in Töpfen oder Kübeln wachsen. Diese Pflanzen sind kompakt, robust und brauchen nur wenig Platz. Es gibt sowohl buschige als auch stämmige Topftomatensorten. Ein weiterer Vorteil ist, dass Topftomaten nicht ausgegeizt werden müssen, was die Pflege zusätzlich erleichtert.

SALAT-BUFFET

Hast du wenig Platz, aber große Lust auf frische Salate? Dann ist das Salatbuffet im Pflanztopf ideal für dich. Mit wenig Aufwand kannst du das ganze Jahr über knackige Salate anbauen und ernten. Das Salatbuffet wächst gut im Schatten bis Halbschatten und eignet sich somit perfekt für Balkone mit wenig Sonneneinstrahlung.

ZEITAUFWAND: GERING

→ Regelmäßig gießen

→ Ernten

Das benötigst du

→ 1 Pflanzgefäß

→ Tonscherben

→ Bio-Gemüseerde

→ Saatgut von verschiedenen Salatsorten

Das richtige Pflanzgefäß

Für die Salatbar im Topf benötigst du ein beliebiges Gefäß deiner Wahl, wie z. B. einen Pflanztopf, eine Pflanzschale, einen Balkonkasten oder Ähnliches. Verschiedene Größen und Materialien wie Terrakotta, Kunststoff oder Aluminium sind möglich.

Halbschattig bis schattig

WELCHE SALATSORTEN EIGNEN SICH?

Salatsorten	Beschreibung
Pflück- und Schnittsalate (z. B. Eichblattsalat, 'Lollo Bionda', 'Lollo Rosso')	Diese Salatsorten bilden keine festen Köpfe, sondern lockere, offene Rosetten. Einzelne Blätter oder Blattstiele können geerntet werden, während die Salate weiterwachsen.
Baby-Leaf-Sorten (z. B. Rucola, 'Lollo Rosso', 'Mizuna', Spinat)	Diese Salate werden geerntet, wenn sie noch jung und zart sind. Sie zeichnen sich durch eine zarte Textur und einen milden Geschmack aus und werden oft als kleine Blattsalatmischungen verkauft.

So geht's

MÄRZ

- → Überprüfe, ob dein Pflanzgefäß Abflusslöcher im Boden hat. Wenn keine vorhanden sind, bohre welche, um sicherzustellen, dass überschüssiges Wasser ablaufen kann. Lege anschließend Tonscherben über die Löcher, um ein Verstopfen durch Erde zu verhindern.
- → Fülle das Pflanzgefäß deiner Wahl mit Bio-Gemüseerde und lass dabei etwa 2 bis 3 cm Platz zum Rand.
- → Verteile das Saatgut locker auf der Erdoberfläche. Je nach Sorte können die Samen direkt auf die Erde gestreut und nur leicht angedrückt werden.
- → Gieße vorsichtig an, damit die Samen nicht weggespült werden. Hier eignet sich eine Ballbrause sehr gut.
- → Die optimale Keimtemperatur liegt bei 10–15 °C. Die erste Ernte ist nach ca. 4 bis 6 Wochen möglich.

MEIN TIPP

Asiasalat, Rucola, Winter-Postelein und Feldsalat eignen sich perfekt für den Winteranbau. Eine letzte Aussaat im September ermöglicht es dir, den ganzen Winter über weiterhin frische Salate zu ernten. Diese robusten Sorten trotzen selbst kühleren Temperaturen.

BEETPLAN

KARTOFFEL-TURM

Ein Kartoffelturm ist ein vertikales Pflanzsystem, das speziell für den Anbau von Kartoffeln geeignet ist. Mit mehreren Ebenen nutzt du die vertikale Dimension deines Balkons. Es gibt verschiedene Kartoffelsorten, die du anbauen kannst. Frühkartoffeln sind nach 2 bis 3 Monaten erntereif, mittelfrühe Kartoffeln brauchen etwa 3 bis 4 Monate und Spätkartoffeln wachsen 4 bis 5 Monate bis zur Ernte.

ZEITAUFWAND: GERING

→ Regelmäßig gießen

→ Nach 8 Wochen alle zwei Wochen düngen

Das benötigst du

→ 1 Kartoffelturm

→ Bio-Gemüseerde

→ Organischer Langzeitdünger, z. B. Schafwollpellets

→ Organischer Flüssigdünger

→ 12 Saatkartoffeln

4 Etagen

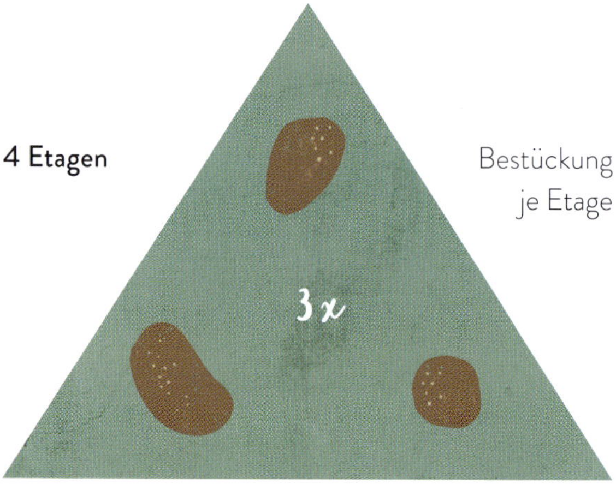

Bestückung je Etage

Beet-Maße: 44 x 39 x 22 cm

Sonnig

KARTOFFELSORTEN UND IHRE PFLANZ- UND ERNTEZEITEN

Kartoffelart	Sorten	Pflanzzeit	Erntezeit	Erkennungsmerkmale der Erntereife
Frühkartoffeln	'Annabelle', 'Birgit', 'Blue Belle'	März–April	Juni–Juli	Blüte und gelbe Blätter
Mittelfrühe Kartoffeln	'Linda', 'Agria', 'Marabel'	April–Mai	Juli–September	Welkendes und braun werdendes Laub
Spätkartoffeln	'Bintje', 'Gala', 'Cara'	Mai–Juni	September–Oktober	Vollständig abgestorbenes und verwelktes Laub

So geht's

MÄRZ

→ Beginne im Haus mit dem Vorkeimen der Pflanzkartoffeln, indem du sie in einen Eierkarton setzt und anschließend an einen hellen, kühlen Ort stellst. Nach etwa 2 bis 3 Wochen bilden sich kleine Triebe, die sogenannten Augen.

APRIL

→ Prüfe, ob dein Kartoffelturm sowohl im Boden als auch in jeder Etage Abflusslöcher hat. Falls diese fehlen, bohre sie hinein, damit überschüssiges Wasser überall abfließen kann.

→ Befülle die Etagen zu einem Drittel mit Erde und mische jeweils 1 EL Schafwollpellets unter.

→ Setze jeweils 3 Pflanzkartoffeln mit den Augen nach oben in jede Etage des Pflanzbehälters und achte darauf, dass die Triebe nicht abbrechen.

→ Bedecke die Kartoffeln mit Erde, sodass der Pflanzbehälter nun zu zwei Dritteln mit Erde gefüllt ist. Gieße die Erde gut an.

MAI

→ Sobald die erste Kartoffelpflanze etwa 5 bis 10 cm hoch ist, fülle den Pflanzbehälter bis auf die obersten 2 cm vorsichtig mit Erde auf. Dies nennt sich Anhäufeln und fördert das Knollenwachstum und schützt die Pflanzen vor Sonnenlicht.

JUNI

→ Dünge ab Mitte Juni mit dem organischen Flüssigdünger alle zwei Wochen.

JULI

→ Anfang Juli können die ersten Frühkartoffeln geerntet werden.

→ Hast du mittelfrühe oder späte Kartoffeln angepflanzt, gieße regelmäßig weiter und dünge alle zwei Wochen mit organischem Flüssigdünger. Den Erntezeitpunkt kannst du der Tabelle oben entnehmen.

HINWEIS

Frühkartoffeln zeichnen sich durch ihre frühe Reife und zarte Haut aus, während Spätkartoffeln größere Knollen haben und länger lagerfähig sind. Mittelfrühe Kartoffeln liegen sowohl in der Reifezeit als auch in ihren Eigenschaften zwischen den Früh- und Spätkartoffeln.

ESSBARE BLÜTEN AUS DEM BALKONKASTEN

Essbare Blüten sind nicht nur eine farbenfrohe Bereicherung für dein Balkonbeet, sondern bieten auch eine Vielfalt an Aromen von süß wie Zucker bis scharf wie Pfeffer. Mit Blüten kannst du deine Gerichte geschmacklich verfeinern und optisch aufwerten. Zum Beispiel kannst du sie als Dekoration für Salate oder Desserts verwenden. Es gibt viele kreative Möglichkeiten, essbare Blüten einzusetzen.

ZEITAUFWAND: GERING

→ Regelmäßig gießen

→ Alle zwei Wochen düngen

→ Verblühte Blüten entfernen

→ Kontrolle auf Schädlinge

→ Ernten

Das benötigst du

- → 1 Pflanzkasten (80 x 25 x 17 cm)
- → Blähton, Kies oder Tonscherben
- → Wasserdurchlässiges Vlies
- → Blumenerde
- → Organischer Blumendünger
- → 2 Hornveilchen in Bioqualität
- → Biologisches Saatgut von Gewürztagetes
- → Biologisches Saatgut von essbarer Blütenmischung (Kapuzinerkresse, Kornblume, Cosmea & Ringelblumen)

Essbare Blüten von Blumen	Essbare Blüten von Kräutern	Essbare Blüten von Bäumen
Duftgeranien	Basilikum	Apfel
Gänseblümchen	Borretsch	Birne
Hornveilchen	Kapuzinerkresse	Kirsche
Löwenzahn	Minze	
Kornblumen	Oregano	
Ringelblumen	Salbei	
Lavendel	Schnittlauch	
Gewürztagetes		

HINWEIS

Es ist nicht immer auf den ersten Blick erkennbar, ob eine Blüte essbar ist oder nicht. Einige Pflanzenarten produzieren giftige Blüten. Daher ist eine genaue Recherche wichtig. Kaufe Bio-Qualität und frage im Fachhandel nach, wenn du dir unsicher bist. Besonders bei im Gartenfachhandel vorgezogenen Balkonblumen wie Hornveilchen und Duftgeranien können Spritzmittelrückstände vorhanden sein.

DAS SPART ZEIT!

Ab Mai bieten viele Gartencenter vorgezogene essbare Pflanzen wie Hornveilchen, Gewürztagetes, Lavendel und Kapuzinerkresse an. Anstatt sie selbst auszusäen, kannst du sie direkt kaufen und sparst so Zeit und hast weniger Aufwand.

MEIN TIPP

Oft gibt es im Fachhandel Saatguttütchen mit einer Mischung aus verschiedenen essbaren Blumen, die bereits fertig zum Aussäen zusammengestellt sind.

Beet-Maße: 80 x 25 x 17 cm

Sonnig

So geht's

APRIL UND MAI

- → Fülle den Pflanzkasten mit ca. 2 bis 3 cm Blähton, Kies oder Tonscherben als Drainageschicht und lege danach ein wasserdurchlässiges Vlies als Trennung zur Erde darauf.
- → Fülle den Pflanzkasten mit hochwertiger Blumenerde bis etwa 2 bis 3 cm unter den Rand.
- → Säe das Saatgut der **Gewürztagetes** auf der linken und rechten Seite des Pflanzkastens, jeweils in einem etwa 10 cm breiten Streifen. Pflanze daneben die beiden gekauften **Hornveilchen.** Säe in der Mitte des Pflanzkastens die **essbare Blütenmischung** aus – weniger Saatgut ist hier besser, damit du später weniger ausdünnen musst.
- → Bedecke die Samen leicht mit Erde und gieße sie vorsichtig an.
- → Die Blüten der **Hornveilchen** können bereits geerntet werden.

JUNI

- → Die ausgesäten Blumen sind jetzt aufgegangen und entwickeln sich langsam.
- → Entferne schwache Pflänzchen oder dünne zu dicht gesäte Bereiche aus, um mehr Platz für die einzelnen Pflanzen zu schaffen.
- → Ernte die Blüten der **Hornveilchen** weiterhin und entferne verblühte Blüten regelmäßig.
- → Dünge die Pflanzen alle zwei Wochen mit dem organischen Flüssigdünger.

JULI UND AUGUST

- → Alle Blumen stehen jetzt in voller Blüte.
- → Kontrolliere deine Pflanzen regelmäßig auf Schädlinge, da besonders Kapuzinerkresse anfällig für Blattläuse ist. Weitere Informationen zur Schädlingsbekämpfung findest du auf den Seiten 120 und 121.
- → Viele essbare Blumen zeichnen sich durch ihre unermüdliche Blüte aus. Entferne die verblühten Blüten rechtzeitig, um die Pflanze zur erneuten Blüte anzuregen.
- → Dünge weiterhin alle zwei Wochen mit dem organischen Flüssigdünger.

GEWÜRZTAGETES

KAPUZINER-KRESSE

KORNBLUME

SEPTEMBER UND OKTOBER

→ Sobald eine Blume beginnt, Samen zu bilden, neigt sich ihre Blütezeit in der Regel dem Ende zu.

BLÜTENBUTTER

Das benötigst du

→ 2 Handvoll verlesene, essbare Blüten wie z. B. von Rosen, Kapuzinerkresse, Gewürztagetes, Schnittlauch, Kornblumen oder Ringelblumen

→ 250 g Butter

So geht's

Rolle die Butter zwischen zwei Frischhaltefolien mit dem Nudelholz aus. Ziehe die obere Folie ab und bestreue die Fläche mit drei Vierteln der feingehackten Blüten gleichmäßig. Rolle die Buttermasse mit der unteren Folie zu einer Rolle auf und wälze anschließend die Butterrolle in den restlichen Blüten. Lass die Rolle im Kühlschrank fest werden und schneide sie zum Servieren auf.

2-IN-1-KOMBI

Ein Balkonkasten ist perfekt, um dekorative Blumen und Kräuter auf kleinem Raum zu kombinieren. Mit der richtigen Pflanzenwahl kannst du eine hübsche und funktionale Mini-Oase schaffen. Für deinen 80 cm langen Balkonkasten eignen sich Lavendel, Rosmarin, Chili, Salbei, Löwenmäulchen und Geranien. Wähle dafür einen sonnigen Standort.

ZEITAUFWAND: GERING

→ Gießen

→ Regelmäßig düngen

→ Verblühte Blüten entfernen

→ Kräuter & Chilis ernten

Das benötigst du

→ 1 Balkonkasten mit Wasserreservoir (80 x 19 x 19 cm)

→ Kräuter- und Blumenerde

→ Flüssigdünger für Blumen, Kräuter und Chili

→ 1 Lavendel

→ 1 Rosmarin

→ 1 Chili (Sortentipp: Cayenne oder Thai)

→ 1 Salbei (Sortentipp: Goldsalbei)

→ 1 Löwenmäulchen (30–40 cm hoch)

→ 1 Geranie (stehend)

So geht's

AB MITTE MAI

→ Fülle den linken Teil des Balkonkastens mit Kräutererde auf. Mische Blumenerde und Kräutererde im Verhältnis 2:1 und fülle die Mischung in die mittlere Position des Balkonkastens. Fülle den rechten Teil des Balkonkastens mit Blumenerde auf.

→ Grabe kleine Löcher für die Pflanzen.

→ Setze die Pflanzen vorsichtig in die vorbereiteten Löcher: **Lavendel und Rosmarin** auf die linke Seite des Balkonkastens in die Kräutererde. In die Mitte kommen **Chili und Salbei.** Auf der rechten Seite platzierst du **Löwenmäulchen und Geranien** in der Blumenerde. So stehen die Pflanzen mit ähnlichen Nährstoffanforderungen nebeneinander.

→ Fülle die Löcher mit Erde und drücke die Erde leicht an, um die Pflanzen zu stabilisieren.

→ Gieße die Pflanzen gründlich an.

Beet-Maße: 80 x 25 x 17 cm

Sonnig

JUNI BIS AUGUST

- → Entferne verblühte Blüten regelmäßig, um die Blüte zu verlängern.
- → Gieße regelmäßig, besonders bei heißem Wetter.
- → Die Kräuter können geerntet werden.
- → Achte auf Blattläuse und andere Schädlinge und bekämpfe sie mit biologischen Mitteln (siehe Seiten 120 und 121).

GERANIE

SALBEI

LÖWEN-
MÄULCHEN

CHILI

→ Dünge **Geranien und Löwenmäulchen** einmal im Monat mit einem Flüssigdünger für Blumen. **Lavendel, Rosmarin und Salbei** benötigen monatlich einen speziellen Kräuterdünger, während **Chili** alle zwei Wochen mit einem kaliumreichen Chilidünger versorgt werden sollte. Verwende eine Ballbrause für das gezielte Düngen.

SEPTEMBER

→ Entferne verblühte Blüten weiterhin.

→ Ernte Kräuter und trockne sie für den Winter.

→ Gieße nach Bedarf, je nach Wetterlage.

OKTOBER

→ **Lavendel, Rosmarin und Salbei** sind winterhart, brauchen aber bei starkem Frost ein wenig Extra-Schutz. Decke sie mit Vlies oder Reisig ab, um sie warmzuhalten.

→ Geranien und Chilis vertragen keinen Frost. **Geranien** sollten in einen frostfreien, hellen und kühlen Raum wie einen Keller oder ein kühles Zimmer umziehen. Schneide die Geranien auf etwa ein Drittel ihrer Höhe zurück und halte die Erde leicht feucht. Für deine **Chilipflanze** gilt das Gleiche: Hol sie vor dem ersten Frost ins Haus und schneide sie leicht zurück, damit sie im nächsten Jahr kräftig weiterwächst.

→ Das **Löwenmäulchen** ist leider nur einjährig und kann nicht überwintert werden. Du musst es jedes Jahr neu pflanzen.

MEIN TIPP

Lavendel und Rosmarin bevorzugen trockene Bedingungen, gieße sie daher nur sparsam. Schneide im Frühjahr und nach der Blütezeit die verblühten Lavendelblüten ab, um ein buschiges Wachstum zu fördern. Salbei kann bei Bedarf stark zurückgeschnitten werden, um neues Wachstum zu fördern.

BEETPLAN

GRÜNES KATZEN-PARADIES

Als Katzenbesitzerin habe ich entdeckt, dass der Balkon nicht nur für mich, sondern auch für meine beiden Britisch Kurzhaar-Katzen Biene und Karlie ein kleines Paradies ist. Sie lieben es, dort Fliegen zu fangen oder den Vögeln hinterher zu schauen. Oft sitzen sie minutenlang da und beobachten aufmerksam die Umgebung. Besonders morgens und abends zieht es die beiden nach draußen. Sie lieben die frische Luft. Um ihnen ein besonderes Plätzchen zu schaffen, habe ich eine Pflanztasche mit Rasen und für Katzen essbaren und unbedenklichen Pflanzen aufgestellt.

ZEITAUFWAND: GERING

→ Regelmäßig gießen und düngen

→ Den Rasen alle 2 bis 3 Wochen schneiden

Das benötigst du

→ 1 Filz-Pflanztasche (ca. 70 x 70 cm)

→ Holz-Hackschnitzel

→ Rasenerde

→ Große Haushaltsschere

→ Organischer Rasendünger

→ Organischer Flüssigdünger für Kräuter

→ Organischer Universaldünger

→ Rasen-Samen

→ 1 Katzenminze

→ 1 Lavendel

→ 1 Kriechendes Schönpolster

→ 1 Grünlilie

→ 1 Katzengras

HINWEIS

Pflanztaschen aus Filz sind optimal für den Balkon, da sie leicht und flexibel sind und den Pflanzenwurzeln eine gesunde Umgebung bieten. Sie sind zudem nachhaltig.

PFLANZEN, DIE SICH WUNDERBAR FÜR KATZEN EIGNEN

Pflanze	Wirkung und Nutzen für die Katze
Baldrian	Kann eine euphorisierende Wirkung haben
Kriechendes Schönpolster	Fördert die Verdauung
Katzengras	Fördert die Verdauung und dient als natürlicher Ballaststoff
Grünlilie	Hilft bei der Luftreinigung
Katzenminze	Zieht Katzen magisch an und wirkt beruhigend
Lavendel	Hat einen beruhigenden Duft und reduziert Stress

So geht's

MAI

→ Wähle einen sonnigen Platz für die Pflanztasche. Fülle sie zuerst mit einer 20 bis 30 cm hohen Schicht Hackschnitzel als Drainage und dann mit Erde auf.

→ Pflanze **Lavendel und Katzenminze** zusammen in eine Ecke der Pflanztasche. Beide Pflanzen bevorzugen wenig Wasser.

→ Setze **Kriechendes Schönpolster und Grünlilie** in die andere Ecke der Pflanztasche. Diese Pflanzen benötigen regelmäßige Bewässerung, wobei die Erde zwischen den Wassergaben leicht austrocknen sollte.

→ Pflanze **Katzengras** in einen eigenen Bereich der Pflanztasche. Es hat einen hohen Wasserbedarf und sollte gleichmäßig feucht gehalten werden.

→ Streue die **Rasen-Samen** breitflächig auf die restliche Fläche der Pflanztasche und gieße gründlich.

Beet-Maße: 70 x 70 cm   Sonnig bis halbschattig

JUNI BIS JULI

→ Der **Rasen** sollte zwei bis drei Wochen nach der Aussaat aufgehen. Ende Juni ist es Zeit für den ersten Schnitt.

→ Gieße den **Rasen** regelmäßig, besonders bei heißem Wetter, damit er gleichmäßig grün bleibt. Achte darauf, dass **Lavendel und Katzenminze** nicht zu viel Wasser bekommen. **Kriechendes Schönpolster und Grünlilie** brauchen regelmäßig Wasser, die Erde sollte feucht, aber nicht nass sein.

→ Dünge **Lavendel und Katzenminze** einmal im Monat mit einem Kräuterdünger.

→ Verwende alle zwei Wochen einen organischen Universalflüssigdünger für **Kriechendes Schönpolster und Grünlilie.**

SCHNEIDE DEN RASEN ALLE ZWEI WOCHEN MIT EINER GROSSEN HAUSHALTSSCHERE, SOBALD ER FÜNF BIS SIEBEN ZENTIMETER HOCH IST.

KATZENMINZE

GRÜNLILIE

AUGUST BIS SEPTEMBER

→ Gieße und dünge weiterhin regelmäßig.

→ Schneide den **Rasen** alle zwei Wochen.

→ Entferne verwelkte Blüten von **Katzenminze,** um die Bildung neuer Blüten zu fördern.

→ Schneide die **Katzenminze und den Lavendel** zurück, sie sind winterhart und können stehenbleiben.

→ **Kriechendes Schönpolster und Grünlilie** sind nicht winterhart. Pflanze beide in Töpfe um und überwintere sie im Haus.

→ Dünge den **Rasen** mit einem organischen Rasendünger, um ihn auf den Winter vorzubereiten.

→ Gieße den **Rasen,** damit er nicht austrocknet.

HINWEIS

Sobald der ausgesäte Rasen eine dichte Rasenfläche bildet, dient er als ideale Liegefläche für die Katzen. Diese dichte Grasnarbe bietet nicht nur eine gemütliche Wohlfühloase, sondern sorgt auch für eine natürliche Kühlung an heißen Tagen.

DIY

PLATZSPARENDER KRÄUTERGARTEN

Das benötigst du

- → 4 Tontöpfe (Durchmesser: 31 cm, 23 cm, 17 cm, 12 cm)
- → 1 Tontopfuntersetzer
- → Kräutererde
- → Holzhackschnitzel oder Blähton
- → 6–7 Kräuter deiner Wahl

Standort	Bedürfnisse	Kräuter
Oben	Trocken, warm und sonnig	Bohnenkraut, Lavendel, Majoran, Rosmarin, Thymian, Zitronenthymian
Mitte	Mittlerer Feuchtigkeitsbedarf	Basilikum, Estragon, Koriander, Oregano, Pimpinelle, Salbei
Unten	Hoher Feuchtigkeitsbedarf	Borretsch, Dill, Kerbel, Kresse, Minze, Petersilie, Sauerampfer, Schnittlauch

Wenig Platz, aber Lust auf frische Kräuter? Ein Kräuterturm aus gestapelten Tontöpfen ist die perfekte Lösung für deinen Balkon. Dank der verschiedenen Topfgrößen hat jedes Kraut den idealen Standort. Schnell gebaut und platzsparend, bringt er frische Kräuter direkt in deinen Alltag!

So geht's

01 Beginne mit dem größten Tontopf. Stelle ihn an einen sonnigen Standort auf den Tontopfuntersetzer. Fülle den Boden mit einer Schicht Holzhackschnitzel oder Blähton. Gib anschließend eine Schicht Kräutererde, ca. 5 cm hoch, in den Topf.

02 Setze den nächstkleineren Topf (mit 23 cm Durchmesser) am Rand auf die erste Schicht. Wiederhole den Prozess mit Hackschnitzel und Erde. Mach das Gleiche mit den nächst kleineren Töpfen, immer schön stapeln und mit Erde auffüllen.

Die Bepflanzung

03 Überlege dir, welche deiner Lieblingskräuter welche Bedingungen brauchen. Einige mögen es sonnig und trocken, andere lieber feucht. So kannst du sie im Turm optimal verteilen.

04 Pflanze deine Kräuter vorsichtig ein. Achte darauf, sie nicht zu eng zu setzen. So können sie sich gut entwickeln und gesund wachsen.

05 Falls die Anordnung der Pflanzen nach deren Bedürfnissen nicht ganz perfekt passt, mach dir keine Sorgen! Die Kräuter werden trotzdem gut wachsen. Du musst nur beim Gießen etwas aufpassen. Die feuchtigkeitsliebenden Kräuter, wie Petersilie und Schnittlauch, brauchen mehr Wasser, während die trockenheitsliebenden, wie Thymian und Rosmarin, weniger gegossen werden wollen.

Achtung bei Minze! Pflanze sie allein in eine Etage, da sie invasiv ist und schnell wächst. So verhinderst du, dass sie andere Kräuter überwuchert und verdrängt.

MEIN TIPP

Petersilie, Schnittlauch, Kerbel, Pimpinelle, Sauerampfer, Kresse und Borretsch sind die Bestandteile der berühmten Frankfurter Grünen Soße. Sie werden fein gehackt und mit Joghurt, Schmand und gehackten hartgekochten Eiern vermischt. Serviert wird das Ganze mit Pellkartoffeln – köstlich! Das Rezept findest du auf Seite 134.

DIY

TROCKENRAHMEN FÜR KRÄUTER

Mit einem selbst gebauten Rahmen kannst du deine Lieblingskräuter einfach und effektiv für den Winter trocknen, sodass du sie konservieren kannst.

Das benötigst du

- → 2 Holzleisten (50 x 2 x 1,5 cm)
- → 2 Holzleisten (30 x 2 x 1,5 cm)
- → 3 Rundhölzer (Länge: 50 cm, Durchmesser: 1 cm)
- → Bohrmaschine
- → 10er Bohrer
- → Hammer
- → Schnelltrocknender Holzleim
- → 4 kleine Nägel
- → 4 Schraubhaken
- → Schnur (ca. 2,80 m)
- → Optional: Wäscheklammern

So geht's

01 Bohre in die beiden kürzeren Holzleisten im gleichmäßigen Abstand von 7,5 cm jeweils drei Löcher. Die Bohrungen sollten komplett durch die Leisten gehen.

02 Stecke die Rundhölzer bündig in die Löcher.

03 Leime die beiden langen Holzleisten rechts und links an die kurzen Holzleisten. Lass die Leimung 10 Minuten trocknen.

04 Danach kannst du die 4 kleinen Nägel zur zusätzlichen Fixierung des Rahmens einschlagen.

05 Schraube die Schraubhaken in die Ecken des Holzrahmens.

06 Schneide die Schnur in 4 Stücke à 70 cm. Knote die Schnüre jeweils an die Schraubhaken und verbinde alle 4 Enden oben zu einem Knoten.

07 Hänge die Kräuterbüschel direkt an den Rahmen oder befestige sie mit Wäscheklammern.

WANN ERNTET MAN DIE AROMATISCHSTEN KRÄUTER?

Der richtige Zeitpunkt zum Ernten deiner Kräuter ist entscheidend für deren Aroma. Einige Kräuter sollten vor der Blüte, andere zu Beginn der Blüte geerntet werden.

Erntezeitpunkt	Kräuter
Vor der Blüte	Basilikum, Estragon, Minze, Schnittlauch, Thymian, Zitronenmelisse
Mit Blüte	Bohnenkraut, Currykraut, Majoran, Oregano

MEIN TIPP

Ernte deine Kräuter am besten frühmorgens, nachdem der Tau abgetrocknet ist. Zu dieser Tageszeit enthalten die Kräuter die meisten ätherischen Öle und haben das intensivste Aroma.

ANANAS
MATINA

KAPITEL 03

Keine ZEIT zum VORZIEHEN

ZEITSPAREND UND PLATZSPAREND VORZIEHEN

Indem du Pflanzen vorziehst, kannst du frühzeitig robuste Jungpflanzen erhalten. Sie ermöglichen es dir, früher im Jahr ernten zu können als mit einer Direktsaat. Hier sind einige Tipps und Techniken, um das Vorziehen zeitsparend und platzsparend zu gestalten.

HINWEIS

Bei der Aussaat ist es wichtig zu wissen, ob es sich um Licht- oder Dunkelkeimer handelt. Lichtkeimer brauchen Licht, um zu keimen, daher legt man ihre Samen auf die Erde und drückt sie vorsichtig an, ohne sie zu bedecken. Dunkelkeimer dagegen benötigen Dunkelheit und werden mit einer dünnen Schicht Erde bedeckt. Ein einfacher Trick: Je größer der Samen, desto tiefer kommt er in die Erde – etwa doppelt so tief, wie der Samen selbst groß ist. Ein Blick auf die Samenpackung hilft oft weiter, damit die Aussaat erfolgreich gelingt.

VORTEILE DES VORZIEHENS

→ Beim Vorziehen aus Samen hast du Zugang zu einer größeren Auswahl an Pflanzenarten und -sorten, die möglicherweise nicht als Jungpflanzen verfügbar sind.

→ Vorgezogene Pflanzen sind oft widerstandsfähiger und haben einen Vorsprung, wenn sie auf den Balkon umziehen dürfen.

DAS SPART ZEIT!

→ Anzuchtsets enthalten alles, was du zum Vorziehen brauchst – von Samen über Erde bis zu Anzuchtgefäßen. Diese Sets sind zeitsparend und oft einfach zu handhaben.

→ Ziehe nicht alle Pflanzen selbst aus Samen, sondern kaufe auch Jungpflanzen dazu. Die richtige Mischung aus beidem sorgt für einen gesunden und abwechslungsreichen Balkongarten.

PLATZSPARENDE METHODEN

→ Eckige Anzuchttöpfe sind ideal für die Anzucht im Haus, da sie den verfügbaren Platz effizienter nutzen. Im Vergleich zu runden Töpfen passen sie nahtlos nebeneinander und ermöglichen es, mehr Pflanzen auf kleinerem Raum unterzubringen.

→ Mehrstöckige Pflanzregale eignen sich sehr gut für die Anzucht vieler Pflanzen auf kleinem Raum. Sie ermöglichen den Zugang zu Licht für alle Pflanzen und sind einfach zu bewässern.

PRAKTISCHE TIPPS

→ Richte eine kleine Anzuchtstation in der Wohnung ein, wie z. B. einen Tisch oder ein Regal mit einer Pflanzenlampe.

→ Beginne die Anzucht nicht zu früh, da die Lichtbedingungen im Spätwinter oft unzureichend sind. Warte lieber, bis die Tage länger sind, oder nutze eine Pflanzenlampe, um vergeiltes Wachstum zu vermeiden.

→ Sterilisiere die Anzuchterde, um Trauermücken vorzubeugen. Erhitze die Erde 30 Minuten bei 80–100 °C im Backofen.

→ Beschrifte alle Anzuchtgefäße mit dem Namen der Pflanze und dem Aussaatdatum. So behältst du den Überblick und kannst die Entwicklung besser verfolgen.

→ Achte darauf, dass die Pflanzen ausreichend belüftet werden, um Schimmelbildung zu vermeiden. Öffne gelegentlich die Abdeckungen.

SAATGUT KAUFEN

Beim Saatgutkauf gibt es einige wichtige Aspekte zu berücksichtigen. Besonders entscheidend ist die Wahl zwischen biologischem Saatgut und F1-Hybriden. Biologisches Saatgut stammt aus ökologischem Anbau und ist frei von chemischen Behandlungen. F1-Hybriden hingegen sind spezielle Kreuzungen, die oft höhere Erträge und Robustheit bieten, jedoch nicht samenfest sind. Das bedeutet, dass du aus ihren Früchten kein eigenes Saatgut gewinnen kannst.

SORTENWAHL

Schau dir die Rückseite der Samentütchen genau an, um mehr über die Eigenschaften der Pflanzen zu erfahren. Für den Balkon eignen sich Sorten, die kompakt wachsen, pflegeleicht sind und sich gut in Töpfen oder kleinen Pflanzgefäßen kultivieren lassen.

Pflanzentyp	Beispielsorten
Baby-Aubergine	'Bambino', 'Ophelia', 'Patio Baby'
Busch- oder Topftomaten	'Balkonzauber', 'Tumbling Tom', 'Tiny Tim'
Kleine Gurkensorten	'Green Fingers', 'Mexikanische Minigurke', 'Picolino'
Kompakte Zucchini	'Black Forest', 'Eight Ball', 'Quine'
Mini-Möhren	'Little Finger', 'Pariser Markt'
Topfblumenkohl	'Amazing Taste', 'White Star'
Topfkürbis	'Zora', 'Baby Boo', 'Jack Be Little'
Zwergpaprika	'Mini Bell', 'Redskin', 'Sweet Chocolate'

HINWEIS

Es ist oft verlockend, große Mengen Saatgut zu kaufen, aber bedenke den begrenzten Platz auf deinem Balkon. Es ist besser, kleinere Mengen verschiedener Sorten zu kaufen, um eine größere Vielfalt zu haben.

MEIN TIPP

Halte die Augen nach Saatgut-Tauschboxen auf Social-Media-Plattformen wie Instagram offen. Hier kannst du Saatgut mit anderen Hobbygärtner*innen tauschen und seltene Sorten entdecken.

CHECKLISTE: SAATGUT RICHTIG LAGERN

- ○ Verwende verschließbare Behälter oder Boxen.
- ○ Lagere das Saatgut an einem kühlen Ort.
- ○ Bewahre das Saatgut lichtgeschützt auf, um die Keimfähigkeit zu erhalten.
- ○ Vermeide feuchte Lagerorte, um Schimmelbildung zu verhindern.

PFLANZEN PIKIEREN

Klasse, deine Aussaat ist aufgegangen und die kleinen Sämlinge haben sich prächtig entwickelt! Sobald sie ihre ersten Laubblätter ausgebildet haben, ist es Zeit fürs Pikieren. Das bedeutet, die jungen Pflänzchen vorsichtig zu vereinzeln und in neue Gefäße umzupflanzen, damit sie mehr Platz zum Wachsen haben.

WARUM IST PIKIEREN WICHTIG?

→ Pikieren verhindert, dass sich die Sämlinge gegenseitig im Wachstum behindern.

→ Vereinzeln fördert die Entwicklung kräftiger Wurzeln und stabiler Pflanzen.

→ Durch ausreichenden Abstand wird das Risiko von Krankheiten und Schimmelbildung reduziert.

WANN SOLLTEST DU PIKIEREN?

Der beste Zeitpunkt zum Pikieren ist, wenn die Sämlinge ihre ersten echten Blätter entwickelt haben, nicht zu verwechseln mit den Keimblättern. Dies ist in der Regel etwa zwei bis drei Wochen nach der Keimung der Fall. Zu diesem Zeitpunkt sind die Pflanzen robust genug, um den Umzug zu verkraften, aber noch jung genug, um sich schnell an die neuen Bedingungen zu gewöhnen.

WAS BRAUCHST DU ZUM PIKIEREN?

→ Pikierstab, Teelöffel oder Kuchengabel

→ Töpfe mit ca. 9 cm Durchmesser

→ Nährstoffreiche Erde

→ Etiketten für die Beschriftung

TIEFER SETZEN

Pflanze die Sämlinge von manchen Sorten tiefer in die Erde, damit der Stängel zusätzliche Wurzeln bilden kann. Dies stärkt die Pflanzen und ist besonders nützlich bei vergeilten Sämlingen. Bei Tomaten, Paprika und Auberginen ist Tiefersetzen sinnvoll.

HEBE DIE PFLÄNZCHEN IMMER VORSICHTIG AN DEN KEIMBLÄTTERN AN, UM IHRE ZARTEN WURZELN ZU SCHÜTZEN. SO VERMEIDEST DU BESCHÄDIGUNGEN BEIM PIKIEREN.

MEIN TIPP

Gurken und Zucchini sollten immer direkt einzeln in große Töpfe gesät werden, da sie das Pikieren nicht gut vertragen. So vermeidest du Stress und Schäden an den Pflanzen.

JUNGPFLANZEN KAUFEN

Der Kauf von Jungpflanzen ist eine zeitsparende Alternative zum Selberziehen. Um sicherzustellen, dass sie nach dem Kauf in deinem Balkongarten gut wachsen und gedeihen, gibt es einige wichtige Dinge zu beachten, um gesunde und kräftige Pflanzen auszuwählen.

WO KANN MAN JUNGPFLANZEN KAUFEN?

Ort	Vorteile	Nachteile
Baumärkte	Preiswert; große Auswahl an gängigen Pflanzen	Möglicherweise geringere Pflanzenqualität; fachkundige Beratung nicht immer verfügbar
Gartencenter/ Lokale Gärtnereien	Große Auswahl; fachkundige Beratung; gute Pflanzenqualität	Höhere Preise
Online-Shops	Bequem; große Auswahl; Lieferung nach Hause	Pflanzen können beim Transport beschädigt werden; keine sofortige Sichtprüfung möglich
Pflanzenbörsen	Oft spezielle und seltene Sorten	Terminlich begrenzt; Qualität variiert
Wochenmärkte	Frische, lokale Pflanzen; Unterstützung von Kleinbauern	Weniger Auswahl; saisonal begrenzt

WORAUF SOLLTE MAN BEIM KAUF ACHTEN?

Beim Kauf von Jungpflanzen solltest du auf einige Merkmale achten, um gesunde und kräftige Pflanzen zu erwerben:

→ **Blätter:** Sattes Grün, keine Flecken oder Verfärbungen

→ **Wurzeln:** Weiß und kräftig, keine Anzeichen von Schimmel oder Fäulnis

→ **Stängel:** Stabil und frei von Beschädigungen

→ **Größe:** Vermeide übermäßig große Jungpflanzen, da diese oft wurzelgebunden sind und sich schlechter entwickeln.

→ **Schädlinge:** Kontrolliere die Pflanzen auf Blattläuse, Spinnmilben und andere Schädlinge.

MEIN TIPP

Wärmeliebende Pflanzen wie Tomaten, Gurken, Paprika und Chili solltest du nicht vor Mai kaufen. Pflanze sie erst nach den Eisheiligen, also ab dem 15. Mai aus, um Frostschäden zu vermeiden.

JUNGPFLANZEN INS BEET SETZEN

Sobald deine Jungpflanzen groß genug sind, ist es Zeit, sie in ein Beet zu setzen. Dieser Schritt erfordert eine sorgfältige Vorbereitung, um sicherzustellen, dass die Pflanzen gut anwachsen und gedeihen. Der richtige Zeitpunkt ist entscheidend.

ABHÄRTEN

Bevor du deine selbst vorgezogenen Jungpflanzen ins Freiland setzt, ist das Abhärten entscheidend. Das bedeutet, die Pflanzen schrittweise an die Bedingungen im Freien zu gewöhnen. Die meisten Pflanzen sollten erst nach nach den Eisheiligen, also nach dem 15. Mai, ins Freiland gepflanzt werden, da die Gefahr von Nachtfrösten davor noch hoch ist. So stellst du sicher, dass deine Mühe nicht umsonst war und deine Pflanzen einen optimalen Start haben.

Frühgemüse können bereits ab März in das Freiland gesetzt werden. Ab Mitte Mai dürfen wärmeliebende Gemüsepflanzen sowie Blumen und Kräuter folgen.

WANN WELCHE PFLANZEN INS FREILAND SETZEN?

Pflanzzeit	Pflanzengruppe	Beispiele
März und April	Frühgemüse	Erbsen, Kohlrabi, Mangold, Salat
ab Mitte Mai	Wärmeliebendes Gemüse, Blumen und Kräuter	Basilikum, Gurken, Kapuzinerkresse, Paprika, Ringelblumen, Tomaten, Zucchini

SO WIRD'S GEMACHT

→ Beginne eine Woche bis zehn Tage vor dem Auspflanzen.

→ Starte in einem geschützten, schattigen Bereich. Stelle die Pflanzen täglich für 30 Minuten ins Freie und erhöhe die Zeit täglich um 30 Minuten, bis sie sich an sonnigere und windigere Plätze gewöhnt haben.

→ Bring die Pflanzen nachts wieder ins Haus, besonders bei Temperaturen unter 10 °C.

HINWEIS

Verwende Gartenvlies oder Folien, um die Pflanzen in kalten Nächten zu schützen, besonders im Frühjahr und Herbst.

DAS SPART ZEIT!

Bei gekauften Jungpflanzen entfällt das Abhärten, da sie bereits an Außenbedingungen gewöhnt sind. So sparst du diesen Schritt und kannst sie direkt ins Freiland setzen.

DIREKTSAAT

Direktsaat bedeutet, die Samen direkt an ihrem endgültigen Standort im Freien auszusäen. Dabei sparst du Zeit und Arbeit, da du auf Anzuchttöpfe und das Pikieren verzichtest. Diese Methode ist besonders geeignet für Pflanzen, die empfindlich auf das Umpflanzen reagieren oder schnell wachsen.

VORTEILE DER DIREKTSAAT

→ Spart Zeit, da Vorziehen und Pikieren entfallen.

→ Spart Platz, da keine freie Fläche auf der Fensterbank oder im Haus benötigt wird.

→ Spart Geld, weil keine zusätzlichen Töpfe oder Anzuchterde benötigt werden.

→ Schonender für die Pflanzen, da kein Umpflanzen nötig ist und sie stabile Wurzeln bilden können.

NACHTEILE DER DIREKTSAAT

→ Sämlinge sind direkt den Wetterbedingungen ausgesetzt.

→ Unterschiedliche Licht- und Feuchtigkeitsbedingungen können zu einer ungleichmäßigen Keimung der Samen führen.

→ Evtl. Samenverluste durch Vögel.

MEIN TIPP

Probiere Saatbänder oder Saatteppiche aus. Diese Streifen oder Matten aus biologisch abbaubarem Papier haben bereits gleichmäßig eingebettete Samen. Sie machen die Aussaat kinderleicht und sorgen für einen optimalen Pflanzabstand.

DEN RICHTIGEN AUSSAATZEITPUNKT FÜR BLUMEN, GEMÜSE UND KRÄUTER FINDEN

In dieser Übersicht findest du den Aussaatzeitraum, die Keimdauer, -temperatur und weitere hilfreiche Angaben. Damit gelingt dir deine Aussaat garantiert!

Pflanze	Aussaat	Keimdauer	Keimtemperatur	Saattiefe	Pflanzabstand
Basilikum*	Mai–Juni	7–14 Tage	20–25 °C	0 cm	20–30 cm
Bohnen	April–Juli	7–14 Tage	15–22 °C	3–5 cm	30–40 cm
Borretsch	April–Juni	7–14 Tage	15–20 °C	1–2 cm	25 cm
Dill*	April–Juli	10–14 Tage	15–20 °C	0 cm	20 cm
Erbsen	März–Juni	7–14 Tage	10–18 °C	3–5 cm	5–10 cm
Gurken	Mai–Juni	7–14 Tage	20–25 °C	2–3 cm	50–60 cm
Kapuzinerkresse	April–Juni	10–14 Tage	15–20 °C	1–2 cm	30 cm
Kohlrabi	März–Juni	7–14 Tage	15–20 °C	1–2 cm	25 cm
Koriander*	April–Juli	7–10 Tage	15–20 °C	0 cm	20 cm
Mangold	April–August	7–14 Tage	15–20 °C	2–3 cm	20 cm
Möhren	März–Juni	10–20 Tage	15–20 °C	1–2 cm	2,5 cm
Petersilie	März–Juli	14–28 Tage	15–20 °C	1–2 cm	20 cm
Radieschen	März–September	5–7 Tage	10–20 °C	1 cm	3–5 cm
Ringelblumen	März–Juni	5–10 Tage	15–20 °C	1 cm	20 cm
Rote Bete	April–Juni	7–14 Tage	15–20 °C	2–3 cm	10 cm
Rucola*	April–September	5–10 Tage	15–20 °C	0 cm	15 cm
Salat*	März–September	7–14 Tage	10–18 °C	0 cm	20–30 cm
Schnittlauch	März–Mai	10–14 Tage	15–20 °C	1–2 cm	20 cm
Sonnenblume	April–Juni	7–14 Tage	15–20 °C	2–3 cm	30–50 cm
Spinat	März–Mai, August–Oktober	7–14 Tage	10–18 °C	1–2 cm	20 cm
Zucchini	Mai–Juni	7–14 Tage	20–25 °C	2–3 cm	100 cm

*Lichtkeimer

DIY

PFLANZSTECKER AUS TON

Ob Petersilie, Schnittlauch oder Basilikum – damit du deine Kräuter oder Gemüse nicht verwechselst, kannst du Pflanzenstecker aus Ton herstellen. Mit Buchstabenstempeln lassen sich die Stecker beschriften, sodass jedes Pflänzchen sein eigenes Namensschild bekommt. Diese selbst gemachten Tonstecker sind nicht nur praktisch, sondern auch ein hübscher Hingucker in deinem Balkongarten.

Das benötigst du

- → Lufttrocknender Ton (24 Stunden Trocknungszeit)
- → Buchstabenstempel
- → Backpapier oder eine abwischbare Arbeitsunterlage
- → Nudelholz
- → Messer
- → Glas mit Wasser
- → Papier, Stift und Schere

So geht's

01 Decke deinen Arbeitsplatz mit Backpapier oder einer abwaschbaren Unterlage ab, um die Fläche vor Tonresten zu schützen.

02 Zeichne eine längliche Schablone (14 x 2,5 cm) auf ein Papier, die unten spitz zuläuft, damit die Stecker einfach in die Erde gesteckt werden können, und schneide sie anschließend aus.

03 Nimm eine ausreichende Menge Ton und knete ihn gut durch, bis er weich und formbar ist.

04 Rolle mit dem Nudelholz den Ton auf eine gleichmäßige Dicke von ca. 1 cm aus.

05 Lege die Schablone auf den ausgerollten Ton und schneide die Form mit einem Messer aus.

06 Glätte die Kanten, indem du deinen Finger in das bereitgestellte Wasserglas tauchst und dann über die rauen Stellen streichst.

07 Suche dir die passenden Buchstaben aus und drücke sie in den Ton. Achte darauf, dass die Schrift gut lesbar und gleichmäßig tief eingedrückt ist.

08 Lass die Tonstecker an einem gut belüfteten Ort mindestens 24 Stunden lang vollständig trocknen. Achte darauf, dass sie flach liegen und sich nicht verformen.

HINWEIS

Achte darauf, dass der Ton gleichmäßig ausgerollt wird, um stabile Pflanzstecker zu erhalten.

KAPITEL 04

Keine ZEIT zu PFLEGEN

DIE PFLANZEN DÜNGEN

Dünger versorgt deine Pflanzen mit den notwendigen Nährstoffen, die im Boden möglicherweise nicht in ausreichender Menge vorhanden sind. Besonders in Töpfen und Kübeln ist der Nährstoffvorrat begrenzt, da die Pflanzen die Erde mit der Zeit erschöpfen. Durch regelmäßiges Düngen sorgst du dafür, dass deine Pflanzen kräftig und gesund bleiben und reichlich blühen oder Früchte tragen.

Düngemittel	Anwendung	Eigenschaften	Tipp
Bokashi-Saft	Allgemein für alle Pflanzen	Bokashi-Kompost besteht aus fermentiertem organischem Abfall, der reich an Nährstoffen ist. Der Bokashi-Saft, der während der Fermentation entsteht, ist ein nährstoffreicher Flüssigdünger, der viele Mikroorganismen enthält und das Bodenleben fördert.	Stell dir einen Bokashi-Eimer auf den Balkon. Den Saft im Verhältnis 1:100 mit Wasser verdünnen und als Flüssigdünger nutzen, den festen Kompost in die Erde einarbeiten.
Eierschale	Für kalziumliebende Pflanzen wie Tomaten, Paprika, Beeren	Eierschalen sind reich an Kalzium und helfen, den pH-Wert des Bodens zu neutralisieren. Sie können direkt in die Erde eingearbeitet oder als Mulch verwendet werden.	Sammle deine Eierschalen in einem Glas und zerdrücke sie, bevor du sie in die Erde einarbeitest.
Flüssigdünger Kräuter	Speziell für Kräuter	Er fördert vor allem die Blattbildung, da er reich an Stickstoff ist, was für üppiges, gesundes Blattwachstum sorgt. Ideal für Kräuter, die häufig geschnitten werden.	Gieße deine Kräuter einmal die Woche mit diesem Flüssigdünger, um aromatische und kräftige Blätter zu ernten.
Flüssigdünger Tomate/ Paprika	Speziell für Tomaten und Paprika	Er enthält hohe Mengen an Kalium, das die Fruchtbildung unterstützt, sowie weitere essenzielle Nährstoffe, die für kräftige Pflanzen und reichhaltige Ernten sorgen.	Um eine reiche Ernte zu sichern, solltest du deine Tomaten und Paprika während der Blüte- und Fruchtphase alle zwei Wochen mit diesem Dünger düngen.
Flüssigdünger Universal	Allgemein für alle Pflanzen	Ein flüssiger, organischer Dünger, der leicht über das Gießwasser verabreicht werden kann. Sorgt für eine schnelle Nährstoffaufnahme. Eignet sich für eine breite Palette von Pflanzen.	Hast du nur wenig Platz auf dem Balkon? Dieser Universal-Flüssigdünger ist perfekt, um deine gesamte Pflanzenpracht unkompliziert mit Nährstoffen zu versorgen.

Hornspäne	Für alle Pflanzen, insbesondere Gemüse	Hornspäne sind ein Langzeitdünger, der reich an organischem Stickstoff ist. Sie zersetzen sich langsam im Boden und fördern das gesunde Pflanzenwachstum.	Verteile Hornspäne im Frühjahr oder Herbst, um eine gleichmäßige Stickstoffversorgung zu sichern.
Kaffeesatz	Für säureliebende Pflanzen wie Heidelbeeren und Hortensien	Enthält Stickstoff, Kalium und Magnesium. Hilft, den pH-Wert des Bodens zu senken. Kann direkt auf den Boden gestreut oder in Erde eingearbeitet werden.	Sammle deinen Kaffeesatz und verwende ihn als natürlichen Dünger. Dein Balkon wird nicht nur grün, sondern auch nachhaltig gepflegt!
Kompost	Allgemein für alle Pflanzen	Reich an Nährstoffen und organischer Substanz, verbessert die Bodenstruktur und fördert das Bodenleben.	Kompost kannst du im Baumarkt oder Gartencenter unkompliziert bekommen.
Pflanzenjauchen	Allgemein für alle Pflanzen, insbesondere Gemüsepflanzen	Pflanzenauszüge wie Brennnessel-, Beinwell- oder Schachtelhalmjauche sind reich an Stickstoff, Kalium und Spurenelementen.	Setze deine eigene Pflanzenjauche an, indem du Brennnesseln in Wasser fermentierst. Um den Geruch zu minimieren, streu noch etwas Urgesteinsmehl dazu.
Schafwollpellets	Langzeitdünger für alle Pflanzen	Organische Pellets, die reich an Stickstoff und weiteren Nährstoffen sind. Sie zersetzen sich langsam im Boden und geben über einen längeren Zeitraum Nährstoffe ab. Zusätzlich speichern sie Wasser.	Schafwollpellets sind ideal, wenn du weniger gießen möchtest. Sie speichern Wasser und geben es nach und nach ab.
Wurmhumus	Allgemein für alle Pflanzen	Ein hochkonzentrierter organischer Dünger, der aus Wurmkot besteht. Er ist reich an Nährstoffen und Mikroorganismen.	Stell dir eine Wurmbox auf den Balkon oder in die Wohnung. Besorge die passenden Kompostwürmer, und schon kannst du deinen eigenen Wurmhumus und Wurmtee produzieren.

DAS SPART ZEIT!

→ Setze auf organische Langzeitdünger wie Schafwollpellets, die über einen Zeitraum von 3 bis 5 Monaten Nährstoffe freisetzen. Dadurch musst du seltener düngen. Ein weiterer Vorteil ist, dass mit diesem Dünger eine Überdüngung nicht möglich ist.

→ Verwende Flüssigdünger, die du direkt ins Gießwasser geben kannst. So kombinierst du das Gießen und Düngen.

→ Bereite größere Mengen Pflanzenjauche vor, die du über mehrere Wochen hinweg verwenden kannst. So hast du immer eine fertige Düngerlösung zur Hand.

DIE PFLANZEN GIEßEN

Gießen ist eine der wichtigsten Aufgaben, wenn es um die Pflege deines Balkongartens geht. Ob Sommerhitze oder wechselnde Jahreszeiten – deine Pflanzen haben unterschiedliche Bedürfnisse, und es ist entscheidend, diese zu kennen und entsprechend zu handeln.

GIEßBEDÜRFNISSE VERSCHIEDENER PFLANZEN

Nicht alle Pflanzen haben die gleichen Wasserbedürfnisse. Einige mögen es trocken, während andere ständig feucht gehalten werden müssen. Hier sind ein paar Beispiele:

Pflanze	Wasserbedarf	Pflegehinweise
Basilikum	moderat	Gleichmäßig feucht, nicht nass
Gurken	hoch	Regelmäßig gießen, Erde feucht halten
Hortensien	hoch	Viel Wasser während der Blütezeit
Lavendel	gering	Trockene, gut durchlässige Erde; nicht zu oft gießen
Petersilie	moderat	Gleichmäßig feucht, nicht nass
Rosmarin	gering	Bevorzugt trockene, gut durchlässige Böden; mäßig gießen
Salatpflanzen	moderat	Erde feucht halten, Überwässerung vermeiden
Tomaten	hoch	Gleichmäßig feucht halten, Staunässe vermeiden

GIEẞEN IM SOMMER

Im Sommer können die Temperaturen auf dem Balkon stark ansteigen, und die Pflanzen verdunsten mehr Wasser. Hier sind einige Tipps:

→ Gieße am besten frühmorgens oder spätabends, wenn die Temperaturen niedriger sind und die Verdunstung geringer ist.

→ Eine Schicht Mulch auf der Erde hilft, die Feuchtigkeit zu halten und die Verdunstung zu reduzieren. Du kannst Stroh oder Grasschnitt verwenden. Muscheln sind nicht nur eine funktionale, sondern auch eine dekorative Alternative.

→ Schütze empfindliche Pflanzen mit Schattiernetzen oder stelle sie an schattigere Plätze auf dem Balkon, um sie vor intensiver Mittagshitze zu schützen.

→ Mische wasserspeichernde Substrate wie Vermiculit oder Perlit unter die Erde. Diese Materialien halten Wasser länger und geben es langsam an die Pflanzen ab.

AUCH MIT MUSCHELN KANNST DU DEIN BEET MULCHEN.

GIEẞ-TIPPS

→ Eine einfache Methode, um den Wasserbedarf deiner Pflanzen zu überprüfen, ist der Finger-Test. Stecke deinen Finger etwa zwei bis drei Zentimeter tief in die Erde. Ist die Erde trocken, ist es Zeit zu gießen. Ist sie noch feucht, kannst du noch warten.

→ Gieße deine Pflanzen immer von unten, um das Blattwerk trocken zu halten. So verhinderst du die Entstehung von Krankheiten.

→ Sammle Regenwasser, um deine Pflanzen zu gießen. Es ist nicht nur umweltfreundlich, sondern auch besser für die Pflanzen, da es weniger Kalk und andere Zusätze enthält als Leitungswasser.

WIE KANN ICH REGENWASSER AUF DEM BALKON AUFFANGEN?

Du kannst Regenwasser auf deinem Balkon mit einfachen Mitteln auffangen. Stelle Eimer oder große Schalen an strategischen Punkten auf, wo Regenwasser vom Dach oder anderen Überhängen heruntertropft. Vielleicht hast du sogar die Möglichkeit, ein Fallrohr auf deinem Balkon zu nutzen, an dem du eine schmale, platzsparende Wassertonne anschließen kannst.

URLAUB MACHEN

Der Urlaub steht vor der Tür und du fragst dich, wie dein Balkongarten die Zeit ohne dich überstehen soll? Keine Panik! Mit ein paar einfachen Tricks und guter Vorbereitung kannst du sicherstellen, dass deine Pflanzen auch ohne dich klarkommen.

GIESSFROSCH

OLLA

TONKEGEL

BEWÄSSERUNGSKUGEL

GIEẞLÖSUNGEN FÜR DEN URLAUB

Methode	Beschreibung	Dauer
Automatisches Bewässerungs-system	Elektrische Systeme, die deine Pflanzen regelmäßig bewässern	beliebig, abhängig vom System
Selbstbewässe-rungssysteme	Balkonkästen mit einem Wasserreservoir, das kontinuierlich Wasser an die Pflanzen abgibt	bis zu 2 Wochen
Bewässerungs-kugeln	Kugeln aus Kunststoff, die nach und nach Wasser an die Pflanzen abgeben	bis zu 1 Woche
Flaschen-bewässerung	Eine umgedrehte Flasche mit einem Tonkegel als Spitze, die das Wasser langsam und gleichmäßig an die Pflanzen abgibt	bis zu 1 Woche
Gießfrosch	Dekorative Gießhilfe, die Wasser langsam an die Pflanzen abgibt	bis zu 1 Woche
Ollas	Tontöpfe, die eingegraben werden und langsam Wasser an die umliegenden Pflanzen abgeben	bis zu 1 Woche
Tonkegel	Tonkegel, die bis zum Rand in Erde gegraben werden und nach und nach Wasser abgeben	bis zu 5 Tage
Gießhilfe organisieren	Bitte eine*n Nachbar*in oder Freund*in, deine Pflanzen zu gießen	abhängig von der Dauer

CHECKLISTE VOR DEINEM URLAUB

- ○ Checke die Wettervorhersage und passe die Bewässerungsstrategie entsprechend an.
- ○ Gieße deine Pflanzen noch einmal großzügig.
- ○ Schneide überflüssige Blätter und Triebe ab, um den Wasserverbrauch zu reduzieren.
- ○ Schütze deine Pflanzen vor Sonne, indem du sie, wenn möglich, in den Schatten stellst.
- ○ Setze eine oder mehrere der oben genannten Bewässerungsmethoden ein.
- ○ Gib der Person, die sich während deines Urlaubs um die Pflanzen kümmert, klare Anweisungen und die Info, wie viel Wasser jede Pflanze benötigt.

DAS SPART ZEIT!

Ollas, Tonkegel und selbstbewässernde Pflanzkästen sind nicht nur für die Urlaubszeit praktisch, sondern auch im Alltag. Sie halten deine Pflanzen kontinuierlich feucht und ersparen dir das tägliche Gießen.

DIY

SELBSTGEBAUTE OLLAS

Mit dieser einfachen Anleitung kannst du deine eigenen Ollas basteln. Sie versorgen deine Pflanzen während eines Wochenendtrips oder Kurzurlaubs kontinuierlich mit Wasser und sind perfekt geeignet für Blumenampeln oder Balkonkästen.

Das benötigst du

→ Kleine Tontöpfe (8 cm Durchmesser)

→ Tontopfuntersetzer (10 cm Durchmesser)

→ Außenspachtelmasse

So geht's

01 Mische die Außenspachtelmasse gemäß den Anweisungen auf der Verpackung an.

02 Gib einen Klecks der Spachtelmasse in das Loch des Tontopfes. Drücke die Masse gut hinein, damit keine Lücken entstehen. Lass das Ganze mindestens 24 Stunden trocknen.

03 Setze die fertigen Ollas in deine Blumenampeln oder Balkonkästen bündig mit der Erde ein. Das Wasser wird langsam durch den Ton an die Erde abgegeben.

04 Gib den Tontopfuntersetzer als Deckel auf den Tontopf.

HINWEIS

Je nach Temperatur gibt die Olla zwischen 3 und 5 Tage Wasser an die Erde ab. Bei höheren Temperaturen kann das Wasser schneller verdunsten.

KRANKHEITEN VORBEUGEN UND BEKÄMPFEN

Dein Balkongarten ist ein wunderbarer Platz zum Entspannen und Gärtnern, aber leider auch anfällig für Pflanzenkrankheiten. Damit deine Pflanzen gesund und blühend bleiben, ist es wichtig, Krankheiten frühzeitig zu erkennen und vorzubeugen. Ich zeige dir einfache Tipps, wie du Krankheiten vermeiden und deine Pflanzen schützen kannst, damit sie stark und gesund wachsen.

VORBEUGENDE MAßNAHMEN

→ Achte beim Kauf darauf, dass die Pflanzen keine Flecken, Verfärbungen oder Schädlinge haben.

→ Verwende stets saubere Töpfe und frische, qualitativ hochwertige Erde. Desinfiziere gebrauchte Töpfe mit heißem Wasser oder einer milden Seifenlösung.

→ Achte darauf, dass die Pflanzen genug Platz haben, um zu wachsen, eng stehende Pflanzen sind anfälliger für Krankheiten.

→ Entferne abgestorbene Blätter und Blüten, um die Ausbreitung von Krankheiten zu verhindern.

→ Gieße deine Pflanzen richtig – weder zu viel noch zu wenig.

WASSER-MILCH-MIX GEGEN ECHTER MEHLTAU

Das benötigst du

→ 100 ml Milch (Roh- oder Frischmilch)

→ 900 ml Wasser

So geht's

01 Mische 100 ml Milch mit 900 ml Wasser.

02 Fülle die Mischung in eine Sprühflasche.

03 Besprühe die betroffenen Pflanzenteile zwei- bis dreimal pro Woche.

HÄUFIGE PFLANZENKRANKHEITEN UND DEREN BEKÄMPFUNG

Krankheit	Symptome	Betroffene Balkonpflanzen	Vorbeugung	Bekämpfung
Echter Mehltau	Weißer, mehlartiger Belag auf Blättern und Stängeln	Basilikum, Erdbeere, Kürbis, Petunie, Salbei, Zucchini	Gute Belüftung; trockene Blätter	Befallene Blätter entfernen; Wasser-Milch-Mix anwenden
Falscher Mehltau	Gelbliche Flecken auf Blättern, graue/violette Sporen auf Blattunterseite	Fuchsie, Gurke, Kapuzinerkresse, Salat, Spinat	Gute Belüftung; Staunässe vermeiden	Befallene Blätter entfernen; Wasser-Backpulver-Mix anwenden
Kraut- und Braunfäule	Dunkle, braune Flecken auf Blättern und Früchten; welkes Laub	Kartoffel, Tomate	Blattwerk trocken halten; nicht von oben gießen; ausreichend Abstand zwischen den Pflanzen	Befallene Pflanzen (-teile) entfernen und im Restmüll entsorgen
Mosaikkrankheit	Fleckige, mosaikartige Verfärbungen auf Blättern	Gurke, Paprika, Tomate, Zucchini	Verwendung resistenter Sorten; sauberes Gartenwerkzeug	Befallene Teile abschneiden; befallene Pflanzen im Restmüll entsorgen
Wurzelfäule	Gelbe Blätter, fauliger Geruch aus der Erde	Kann alle Pflanzen betreffen	Richtige Bewässerung	Pflanzen umtopfen in frische Erde; weniger gießen

WASSER-BACKPULVER-MIX GEGEN FALSCHER MEHLTAU

Das benötigst du

→ 1 TL Backpulver

→ 1 l Wasser

→ Ein paar Tropfen Spülmittel

So geht's

01 Mische 1 TL Backpulver mit 1 l Wasser in einem Gefäß.

02 Füge ein paar Tropfen Spülmittel hinzu.

03 Fülle die Mischung in eine Sprühflasche.

04 Besprühe die betroffenen Pflanzen gründlich, insbesondere die Unterseiten der Blätter, wo sich der Falsche Mehltau häufig ansiedelt.

05 Wiederhole die Anwendung zweimal pro Woche, bis der Befall zurückgeht.

MEIN TIPP

Kontrolliere deine Pflanzen regelmäßig und entferne kranke Blätter sofort, um die Ausbreitung von Krankheiten zu verhindern.

SCHÄDLINGEN VORBEUGEN UND SIE BEKÄMPFEN

Schädlinge können zu einer echten Plage in deinem Balkongarten werden, wenn sie nicht frühzeitig erkannt und bekämpft werden. Blattläuse, Spinnmilben und andere kleine Eindringlinge können großen Schaden anrichten. Aber keine Sorge – mit regelmäßiger Kontrolle, vorbeugenden Maßnahmen und einigen bewährten Hausmitteln kannst du deine Pflanzen erfolgreich schützen.

VORBEUGENDE MAẞNAHMEN

Überprüfe deine Pflanzen regelmäßig auf Schädlingsbefall, um eine frühzeitige Ausbreitung zu verhindern. Setze Hausmittel oder nützliche Insekten wie Marienkäfer ein, die Schädlinge effektiv bekämpfen.

MEIN TIPP

Ziehe Handschuhe an und streife die Blattläuse von den Pflanzen ab oder spüle sie mit einem starken Wasserstrahl ab, um deinen Pflanzen sofortige Erleichterung zu verschaffen.

WARUM SIND MARIENKÄFER WICHTIG?

Marienkäfer haben eine Vorliebe für Blattläuse. Ein einzelner Marienkäfer kann bis zu 100 Blattläuse am Tag fressen. Dadurch helfen sie, Schädlingspopulationen in Schach zu halten. Neben Blattläusen fressen Marienkäfer auch andere Schädlinge wie Milben, Thripse und Larven.

KNOBLAUCH-SPRAY GEGEN BLATTLÄUSE

Das benötigst du

- → 3–4 Knoblauchzehen
- → 1 l Wasser
- → Ein paar Tropfen Spülmittel

So geht's

01 Zerdrücke die Knoblauchzehen und gib sie in einen Liter Wasser.

02 Lass die Mischung 24 Stunden ziehen. Filtere den Knoblauch heraus und gib ein paar Tropfen Spülmittel hinzu.

03 Fülle die Lösung in eine Sprühflasche und besprühe die befallenen Pflanzen zwei- bis dreimal die Woche gründlich.

DIE HÄUFIGSTEN SCHÄDLINGE

Schädling	Aussehen	Schäden an den Pflanzen	Betroffene Balkon-pflanzen
Blattläuse	Kleine weiche Insekten; grün, schwarz oder weiß; oft in Gruppen an jungen Trieben und Blattunterseiten	Saugen Pflanzensäfte; verursachen gekräuselte und verfärbte Blätter	Kräuter (z. B. Basilikum, Minze), Kapuzinerkresse, Petunie, Rosen, Bohnen
Grüne Reiswanzen	Grüne, schildförmige Wanze; ca. 12–15 mm groß, mit langen Fühlern	Saugen an Blättern und Früchten; verursachen Verfärbungen und verkümmerte Pflanzen	Aubergine, Bohnen, Chili, Paprika, Tomate
Spinnmilben	Sehr kleine rötliche oder gelbliche Spinnentiere; oft schwer zu sehen; feine Gespinste auf den Blättern	Saugen Pflanzensäfte; verursachen gelbe Flecken und feine Gespinste; Blätter können abfallen	Erdbeere, Gurke, Tomate, Zierpflanzen (z. B. Fuchsie)
Weiße Fliegen	Winzige weiße fliegende Insekten; oft auf der Blatt-unterseite zu finden	Saugen Pflanzensäfte; führen zu vergilbten Blättern	Geranie, Kräuter (z. B. Basilikum), Petunie
Wollläuse	Kleine weiße oder graue, wollige Insekten; oft in dichten Kolonien auf den Blättern und Stängeln	Saugen Pflanzensäfte; verursachen verkümmerte, vergilbte Blätter und klebrige Ausscheidungen (Honigtau)	Zitruspflanzen, Oleander, Fuchsie, Geranie
Thripse	Sehr kleine, schlanke Insekten, gelblich bis schwarz; sitzen oft auf Blättern und Blüten	Saugen Pflanzensäfte; verursachen silbrige Flecken	Paprika, Tomate, Zier-pflanzen (z. B. Gerbera), Zwiebelpflanzen
Trauermücken	Kleine, schwarze, fliegende Insekten; Larven sind weiß mit schwarzem Kopf und leben in der Erde	Ihre Larven fressen Wurzeln, was zu Wachstumsstörungen und Wurzelfäule führen kann	Jungpflanzen, Kräuter, Setzlinge

NEEMÖL-SPRAY GEGEN SPINNMILBEN UND WEISSE FLIEGEN

Das benötigst du

→ 1 TL Neemöl

→ 1 l Wasser

→ Ein paar Tropfen Spülmittel

So geht's

01 Mische das Neemöl mit dem Wasser und füge ein paar Tropfen Spülmittel hinzu.

02 Fülle die Mischung in eine Sprühflasche.

03 Besprühe die Pflanzen gründlich, insbesondere die Unterseiten der Blätter.

DIY

MARIENKÄFERHAUS BAUEN

Im Herbst suchen Marienkäfer nach einem geschützten Platz für den Winter – auch auf dem Balkon können wir ihnen dabei helfen. Mit einem selbstgebauten Marienkäferhaus bietest du den kleinen Nützlingen eine sichere Zuflucht.

Das benötigst du

- Douglasienholz (200 x 9,5 x 2,1 cm), im Baumarkt auf die passenden Maße zugesägt: Rückwand 27 cm; Dach 13 cm; Boden 10 cm; Seitenwände 27,5 cm (lange Seite) und 25 cm (kurze Seite), abgeschrägt für das Dachgefälle; Vorderseite: fünf kleine Bretter (zweimal 5,5 cm, einmal jeweils 5 cm, 4,5 cm, 4 cm)
- 13 Schrauben (4 x 40 mm)
- Akkuschrauber
- Schleifpapier
- Füllmaterial: kleine Äste, Stroh, Tannenzapfen, Laub, Blütenstände und Getreideähren
- Haken

So geht's

01 Schleife alle Kanten der Holzteile leicht ab, um scharfe Kanten und Splitter zu entfernen.

02 Verwende 4 Schrauben, um die Rückwand stabil an den Seitenwänden zu fixieren. Zum Dach hin bleibt ein etwa 1 cm großer Spalt offen, damit Marienkäfer hineinkrabbeln können.

03 Setze den Boden bündig zwischen die Seitenwände am unteren Rand und fixiere ihn mit jeweils einer Schraube pro Seite.

04 Montiere das Dach auf die abgeschrägten Kanten der Seitenwände, sodass es leicht nach vorne geneigt ist. Fixiere das Dach mit 2 Schrauben an den Seitenwänden.

05 Befülle das Innere des Häuschens mit Naturmaterialien. Das Füllmaterial hält etwa 1 bis 2 Jahre, danach sollte es erneuert werden. Dafür kannst du einfach den Boden abschrauben.

06 Die Vorderseite wird aus 5 kleinen Brettern gestaltet, die mit kleinen Abständen angebracht werden. So entstehen Eingänge und eine gute Luftzirkulation. Jedes Brett wird mit nur einer Schraube befestigt, wobei die Schrauben abwechselnd links und rechts gesetzt werden.

07 Bringe auf der Rückseite den Haken an. Hänge das Marienkäferhaus an einem halbschattigen, windgeschützten Ort auf, am besten in der Nähe von Pflanzen oder Blumen, die Marienkäfer anziehen.

HINWEIS

Statt Douglasie kannst du auch Lärchenholz verwenden. Beide Holzarten sind sehr witterungsbeständig und langlebig. Ein Anstrich ist nicht nötig, da naturbelassenes Holz insektenfreundlicher ist.

MARIENKÄFER IM BALKONGARTEN ANSIEDELN

Es gibt, abgesehen vom Marienkäferhaus, verschiedene Maßnahmen, durch die du Marienkäfer in deinen Balkongarten bekommen kannst:

→ **Pflanzenvielfalt schaffen:** Pflanze verschiedene Blumen und Kräuter wie Dill, Fenchel, Koriander, Ringelblumen und Schafgarbe, die Marienkäfer anziehen.

→ **Keine chemischen Pestizide:** Vermeide chemische Pestizide, da sie Marienkäfer und andere nützliche Insekten abtöten können. Verwende stattdessen natürliche Hausmittel.

→ **Nützlinge bestellen:** Bestelle Marienkäferlarven oder ausgewachsene Marienkäfer online und setze sie direkt auf die befallenen Pflanzen, damit sie sofort Nahrung finden. Um sicherzustellen, dass die Marienkäfer vor Ort bleiben und nicht wegfliegen, kannst du anschließend einen Organzabeutel über die befallene Pflanze stülpen.

→ **Wasserquelle bereitstellen:** Stelle kleine flache Schalen mit Wasser und kleinen Steinen bereit, damit Marienkäfer trinken können, ohne zu ertrinken.

→ **Blattläuse tolerieren:** Ein leichter Befall von Blattläusen kann nützlich sein, um Marienkäfer anzulocken, da sie eine Nahrungsquelle vorfinden.

DIY

BIENEN- UND INSEKTENHOTEL

Insekten und heimische Wildbienen zu schützen, erfordert nicht immer eine große Blumenwiese. Selbst auf kleinem Raum kannst du etwas bewirken. Du kannst auf deinem Balkon einen Bienen- und Insektengarten anlegen, der den Insekten nicht nur Nahrung, sondern auch geeignete Nistplätze und eine Wasserstelle bietet.

Das benötigst du

- → 1 Holzscheit (ca. 30 cm hoch)
- → 1 rundes Holzbrett (ca. 25 cm Durchmesser)
- → 1 rundes Schälchen (ca. 15 cm Durchmesser)
- → Kleine Äste und Steine
- → 1 Pflanzkasten, Erde und bienenfreundliche Blühpflanzen
- → Bohrmaschine mit Bohrern verschiedener Durchmesser (2–10 mm)
- → 1 Schraube (4 x 40 mm)
- → Schleifpapier

So geht's

01 Bohre für die Niströhren verschiedene Löcher mit einem Durchmesser von 2 bis 10 mm in die obere Hälfte des Holzscheits. Die Tiefe jedes Lochs sollte etwa das Zehnfache seines Durchmessers betragen. Achte darauf, dass die Bohrungen nicht komplett durchgehen, sodass die Rückseite des Holzscheits geschlossen bleibt. Schleife die Ränder der Bohrlöcher mit Sandpapier glatt, um Verletzungen der Insekten zu vermeiden.

02 Stelle das Holzscheit mit den Nistlöchern hochkant in einen Pflanzkasten. Achte darauf, dass die Bohrlöcher zur sonnigsten Seite zeigen. Fülle den Pflanzkasten mit Erde und pflanze nach Belieben bienenfreundliche Blühpflanzen wie Lavendel, Goldmarie, Mehlsalbei, Verbene und Schnittlauch.

03 Befestige das runde Brett möglichst waagerecht als Regenschutzdach mit einer Schraube auf der Oberseite des Holzscheits.

04 Setze das mit Wasser gefüllte Schälchen auf das Dach der Nisthilfe. Füge Steine und kleine Äste hinzu, die den Insekten als Ausstiegshilfe dienen und sie vor dem Ertrinken im Miniteich bewahren.

05 Stelle deinen fertigen Pflanzkasten an einen sonnigen bis halbschattigen Ort.

MEIN TIPP

Um die Blütenbildung anzukurbeln, entferne regelmäßig alles Verblühte. Dies verlängert die Blütezeit deines Bienengartens.

WINTERSCHUTZ FÜR DEINE BALKONPFLANZEN

Der Winter steht vor der Tür, und du fragst dich sicher, wie du deine geliebten Balkonpflanzen am besten durch die kalte Jahreszeit bringst. Keine Sorge, ich habe da ein paar Tipps und Tricks, die dir helfen, deine Pflanzen gut zu schützen.

WANN IST ES ZEIT, DIE PFLANZEN AUF DEN WINTER VORZUBEREITEN?

Der ideale Zeitpunkt, um mit dem Winterschutz zu beginnen, ist im Spätherbst, etwa Mitte bis Ende Oktober. Zu diesem Zeitpunkt sind die Nächte bereits kühler. Beobachte das Wetter genau, denn ein plötzlicher Kälteeinbruch kann auch schon früher eintreten.

MEIN TIPP

Sammle Verpackungsmaterialien wie Luftpolsterfolie und Styropor aus Online-Bestellungen, um Ressourcen nachhaltig zu nutzen. Auch alte Decken und Stoffreste sind hilfreich, um Pflanzen vor Frost zu schützen. Zeitungspapier und Pappkartons eignen sich gut zur Isolierung von Pflanzentöpfen. Ein Pflanzenschutzzelt, das schnell auf- und abgebaut werden kann, bietet zusätzlichen Schutz und kann im Frühjahr auch für die Anzucht verwendet werden.

SICHER EINGEPACKT DURCH DEN WINTER

Material	Verwendung
Abdeckungshüllen	Schutz vor Frost und Wind; bestehen oft aus Vlies oder Jute
Pflanzenschutzzelt	Schutz vor Wind und Kälte; besteht meist aus stabilem Kunststoff
Schilfrohrmatten	Schutz vor Wind und Kälte
Jutesäcke	Ideal, um größere Pflanzen einzuwickeln
Kokosmatten	Gute Isolierung für Töpfe und Wurzeln
Luftpolsterfolie	Perfekt zur Isolation von Töpfen und Kübeln
Styroporplatten	Isolation von unten, um Töpfe daraufzustellen
Tannenwedel	Schutzschicht auf der Erde oder rund um die Töpfe
Vlies	Leicht und schützt vor Frost
Holz	Barriere gegen Kälte, zwischen Topf und Boden
Laub	Natürliche Isolationsschicht auf der Erde

TO-DOS WÄHREND DES WINTERS

- → Obwohl der Wasserbedarf geringer ist, überprüfe deine Pflanzen regelmäßig auf Trockenheit und gieße sie an frostfreien Tagen.
- → Kontrolliere regelmäßig den Zustand der Pflanzen und des Winterschutzmaterials.
- → Entferne den Schutz bei mildem Wetter gelegentlich, um Schimmelbildung zu vermeiden.
- → Packe die Pflanzen erst dann endgültig aus, wenn die Nächte frostfrei bleiben.

PFLANZEN IM HAUS ÜBERWINTERN

Einige Pflanzen sind so kälteempfindlich, dass sie im Haus überwintert werden müssen. Hier sind einige Tipps, wie du dies am besten machst.

- → Stelle die Pflanzen an einen hellen und kühlen Platz. Ideal sind Räume mit Temperaturen zwischen 8 und 12 °C.
- → Achte darauf, dass die Pflanzen genügend Licht bekommen. Falls nötig, kannst du mit Pflanzenlampen nachhelfen.
- → Reduziere das Gießen, aber lass die Erde nicht völlig austrocknen.
- → Kontrolliere die Pflanzen regelmäßig auf Schädlinge wie Spinnmilben. Falls du Schädlinge entdeckst, behandle die Pflanzen sofort.

MEIN TIPP

Ich stelle meine Pflanzen vor dem Einräumen ins Haus kurz unter eine lauwarme Dusche, um eventuell vorhandene Schädlinge abzuspülen. Das reduziert die Gefahr, dass sich Schädlinge im Haus ausbreiten.

VLIES

KOKOSMATTE

SCHUTZ-TASCHE

JUTESACK UND VLIES

KAPITEL 05

Keine ZEIT zu GENIESSEN

DEN BALKON VERSCHÖNERN

Mit ein paar einfachen Mitteln schaffst du eine gemütliche Atmosphäre, die zum Verweilen einlädt. Dekorationen, Outdoorteppiche, Kissen und Lichterketten verwandeln deinen Balkon in ein zweites Wohnzimmer, das zum Entspannen und Genießen einlädt.

DEKORATIONEN FÜR DEN BALKON

→ Setze Akzente mit Windspielen, Laternen, Figuren oder Vogeltränken. Diese kleinen Details verleihen deinem Balkon Persönlichkeit und Individualität.

→ Ein Outdoorteppich schafft auf deinem Balkon eine gemütliche und wohnliche Atmosphäre. Lege den Teppich zentral oder unter eine Sitzgruppe, um den Bereich optisch zu definieren.

→ Bequeme Kissen sind ein Muss für jeden gemütlichen Balkon. Sie sorgen nicht nur für Komfort, sondern setzen auch farbliche Akzente.

STIMMUNGSVOLLE BELEUCHTUNG

→ Wähle wetterfeste Lichterketten, die für den Außenbereich geeignet sind. LED-Lichterketten sind energieeffizient und langlebig.

→ Nutze Solarlichterketten, die tagsüber aufladen und abends automatisch leuchten. Das spart dir das lästige Verlegen von Kabeln oder den Austausch von Batterien.

→ Lichterketten, LED-Kerzen oder Lampen mit Timer-Funktion ersparen dir den Gang zum Ein- und Ausschalten und sorgen dafür, dass dein Balkon immer im richtigen Moment beleuchtet ist.

→ Hänge die Lichterketten an die Balkonbrüstung, um die Geländer oder um Pflanzen herum. Du kannst sie auch über den gesamten Balkon spannen, um eine gleichmäßige Beleuchtung zu erzielen.

THEMENBALKON GESTALTEN

Ein Balkon kann viel mehr sein als nur ein Ort für Pflanzen – mit ein wenig Kreativität und Planung lässt sich jeder Balkon in einen thematischen Rückzugsort verwandeln. Ob mediterrane Gemütlichkeit, tropisches Flair oder skandinavische Schlichtheit – hier findest du Ideen und Tipps, wie dein Balkon zu einem besonderen Rückzugsort wird, der genau zu deinem Stil passt. Lass dich inspirieren und mach deinen Balkon zu einem Ort, an dem du dich rundum wohlfühlst und gerne Zeit verbringst.

Thema	Merkmale
Beach-Feeling	Sandfarbene Möbel, Muscheldekorationen, blau-weiße Kissen, kleine Palmen, Sonnensegel
Boho	Bunte Kissen, Makramee-Dekorationen, hängende Pflanzen, Laternen, Ethno-Teppich
Cottage Garten	Viele blühende Pflanzen, rustikale Holzmöbel, nostalgische Dekorationen, Vogelhäuser
Exotisch	Tropische Pflanzen, bunte Textilien, Bambusmöbel, exotische Dekorationen wie Laternen
Französisch	Schmiedeeiserne Möbel, Lavendel, kleine Café-Tische, romantische Laternen
Industrial Chic	Metallmöbel, Beton-Dekorationen, minimalistische Pflanzen, rustikale Lampen
Japanischer Zen-Garten	Bambus, Bonsais, Kieselsteine, kleine Wasserquelle, Laternen
Mediterran	Terrakottatöpfe, Olivenbäume, Lavendel, Zitruspflanzen, warme Farben, Naturmaterialien
Modern-minimalistisch	Klare Linien, neutrale Farben, minimalistische Möbel, ausgewählte Pflanzen
Skandinavisch	Helle Farben, klare Linien, natürliche Materialien, Holztisch, weiße Kissen, dezente Pflanzen
Urban Jungle	Viele grüne Pflanzen wie Farn, Monstera, Feigenbaum, große Töpfe, Hängeampeln
Vintage	Alte Möbelstücke, Blumen in Emaille-Gießkannen, Spitzen-Tischdecken, Flohmarktfunde, nostalgische Dekorationen

MEIN TIPP

Weniger ist oft mehr. Konzentriere dich auf wenige gut ausgewählte Stücke und Akzente. DIY-Projekte können deinem Balkon eine persönliche Note verleihen.

DIY STECHMÜCKENSCHRECK

EIN NATÜRLICHER SCHUTZ FÜR DEINEN BALKON

An einem lauen Sommerabend, wenn die Sonne langsam untergeht, gibt es nichts Schöneres, als Zeit auf dem Balkon zu verbringen. Doch leider können lästige Stechmücken schnell stören. Mit diesem einfachen DIY-Projekt kannst du deinen Balkongarten in eine mückenfreie Zone verwandeln. Verwende natürliche Zutaten wie Zitrone, frische Kräuter und ätherisches Öl wie Citronella.

Das benötigst du

- → 1 Glas (ca. 750 ml)
- → 3 Rosmarinzweige
- → 3 Lavendelstiele
- → 3–4 Zitronenscheiben
- → Rosenblüten oder Blüten deiner Wahl als Farbtupfer
- → Wasser
- → 6 Tropfen Citronella-Öl
- → 1 Schwimmkerze
- → 1 Schere

So geht's

01 Beginne damit, die Rosmarinzweige und Lavendelstiele locker vertikal in das Glas zu stellen. Diese bilden die Grundlage deines Stechmückenschrecks und setzen ätherische Duftstoffe frei, die Mücken fernhalten.

02 Platziere nun die 3 bis 4 Zitronenscheiben dazwischen.

03 Streue die Rosenblütenblätter oder Blüten deiner Wahl in das Glas. Diese dienen als schöner Farbtupfer.

04 Fülle das Glas vorsichtig mit Wasser, bis alle Zutaten bedeckt sind. Nun können sich die Aromen gut vermischen.

05 Gib 6 Tropfen Citronella-Öl hinzu, um die Wirksamkeit zu steigern und einen angenehmen Duft zu verbreiten.

06 Platziere die Schwimmkerze auf der Oberfläche des Wassers und schneide anschließend mit der Schere alle Pflanzenteile zurück, die der Kerze zu nahe kommen.

07 Zünde die schwimmende Kerze an und genieße einen entspannten Abend in deinem mückenfreien Balkongarten.

TIPPS

→ **Du kannst das Glas nach Bedarf auffüllen und die Zutaten regelmäßig erneuern, um die mückenabwehrende Wirkung aufrechtzuerhalten.**

→ **Experimentiere mit weiteren ätherischen Ölen wie Eukalyptus oder Pfefferminze, um die Mischung nach deinem Geschmack zu variieren.**

→ **Platziere mehrere dieser Stechmückenschreck-Gläser in deinem Balkongarten für optimalen Schutz und als schöne Dekoration.**

REZEPT

FRANKFURTER GRÜNE SOSSE

Die Frankfurter Grüne Soße, im regionalen Dialekt auch als Grie Soß bekannt, ist ein traditionelles Gericht aus der Region um Frankfurt am Main. Sie wird vor allem im Frühling und Sommer zubereitet und besteht aus einer Mischung aus sieben verschiedenen Kräutern.

Zutaten für 4 Personen

→ 200 g gemischte Kräuter (Petersilie, Kerbel, Schnittlauch, Pimpinelle, Sauerampfer, Borretsch, Kresse)

→ 200 g Naturjoghurt

→ 200 g Schmand

→ 200 g saure Sahne

→ 1 TL Senf

→ 1 EL Weißweinessig

→ 1 Prise Zucker, Salz und Pfeffer

So geht's

01 Wasche die gemischten Kräuter sorgfältig und tupfe sie anschließend trocken. Hacke sie danach fein, entweder mit einem Mixer oder per Hand, und gib sie in eine große Schüssel. Dann den Joghurt, den Schmand und die saure Sahne zu den gehackten Kräutern geben und gut vermengen.

02 Füge den Senf, den Weißweinessig und die Prise Zucker hinzu und vermenge die Zutaten erneut.

03 Schmecke die Grüne Soße mit Salz und Pfeffer ab.

04 Lass sie für mindestens 1 Stunde im Kühlschrank ziehen, damit sich die Aromen entfalten können.

MEIN TIPP

Traditionell wird die Frankfurter Grüne Soße mit gekochten Eiern und Kartoffeln gegessen. An heißen Sommertagen ist die kühle Kräutersoße besonders erfrischend und gehört deshalb zu meinen Favoriten.

REZEPT

SOMMERSALAT MIT ESSBAREN BLÜTEN & HONIG-SENF-DRESSING

Einfach und lecker: Dieser frische Sommersalat mit Honig-Senf-Dressing bringt Farbe und Geschmack auf den Teller. Das Beste daran? Du kannst fast alle Zutaten direkt von deinem Balkon ernten.

Zutaten für 4 Portionen

- → 1 Kopfsalat
- → 2 Möhren
- → 1 gelbe Paprika
- → Ein paar Cocktailtomaten
- → 1 Bund Schnittlauch
- → Essbare Blüten
- → 50 g Salatkörner-Mischung
- → 4 EL Olivenöl
- → 2 EL weißer Balsamico-Essig
- → 1 EL Senf
- → 1 EL Honig
- → 1 Prise Salz
- → Pfeffer

So geht's

01 Wasche das Gemüse, die Blüten und Kräuter. Schleudere den Kopfsalat und zupfe ihn in mundgerechte Stücke. Schäle die Möhren und schneide sie in feine Scheiben. Entkerne die gelbe Paprika und schneide sie in kleine Würfel. Halbiere die Cocktailtomaten. Schneide den Schnittlauch in feine Röllchen. Lass die essbaren Blüten gut abtropfen und zupfe die Blütenblätter ab oder verwende die Blüten im Ganzen.

02 Vermische Olivenöl, weißen Balsamico-Essig, Senf und Honig in einer kleinen Schüssel. Füge Salz und Pfeffer hinzu und verrühre alles gut, bis das Dressing eine homogene Konsistenz hat.

03 Gib den Kopfsalat, die Möhren, die gelbe Paprika und die Cocktailtomaten in eine große Salatschüssel. Streue den Schnittlauch und die Salatkörner-Mischung darüber. Gieße das Honig-Senf-Dressing über den Salat und dekoriere ihn mit den essbaren Blüten. Serviere den Salat sofort, damit die Blüten frisch und knackig bleiben.

REZEPT

GEGRILLTER RÖMERSALAT MIT CURRY-MAYONNAISE

Hast du schon mal Salatherzen gegrillt? Frisch vom Balkon geerntet, wird Römersalat mit würziger Curry-Mayonnaise zum echten Highlight auf jeder Grillparty. Ich mag dieses Rezept total gerne, weil es schnell geht und trotzdem mal was anderes ist.

Zutaten für 4 Personen

Mayonnaise

→ 1 Eigelb

→ 2 TL mittelscharfer Senf

→ 1 EL Apfelessig

→ 1–2 TL Currypulver

→ 1 Prise Zucker

→ 80 ml Olivenöl

→ 100 ml Sonnenblumenöl

→ Salz, Pfeffer

Grillgut

→ 2 große oder 4 kleine Römersalatherzen

→ 3 EL Olivenöl

→ Grobes Meersalz

→ Pfeffer aus der Mühle

So geht's

01 Gib Eigelb, Senf, Essig, Currypulver und Zucker in einen hohen Rührbecher. Gieße mit dünnem, stetigem Strahl die Öle dazu und mixe sie mit dem Pürierstab sorgfältig unter, bis eine cremige Konsistenz entsteht.

02 Würze die Mayonnaise mit Salz und Pfeffer sowie Currypulver nach Belieben und fülle sie in ein Schälchen ab.

03 Halbiere die Salatherzen längs. Wasche die Hälften und tupfe sie gut trocken.

04 Streiche die Schnittfläche mit Olivenöl ein und grille die Salatherzen auf dem Grill auf jeder Seite jeweils 4 Minuten.

05 Zum Servieren kannst du die Salatherzen mit grobem Salz und Pfeffer würzen und die Mayonnaise dazu reichen.

ERDBEER-GRANOLA MIT HONIG & ESSBAREN BLÜTEN

Für einen gelungenen Start in den Tag: selbstgemachtes Granola mit getrockneten Erdbeeren und essbaren Blüten. Ein köstlicher Mix, der selbst den größten Morgenmuffel aufmuntert.

Zutaten für 4 Gläser

- → 2 Hände voll getrocknete Erdbeeren (selbst gemacht oder gekauft)
- → 4 EL Honig
- → 4 EL Kokosöl
- → 150 g kernige Haferflocken
- → 1 EL gemahlene Mandeln
- → 50 g Mandelblättchen
- → 50 g gepuffter Quinoa
- → 4 EL getrocknete Blüten

So geht's

01 Heize den Backofen auf 160 Grad Umluft vor.

02 Vermische die Haferflocken, gemahlenen Mandeln, Mandelblättchen und den gepufften Quinoa in einer großen Schüssel.

03 Erwärme das Kokosöl und den Honig in einem kleinen Topf, bis sie flüssig sind. Gib das flüssige Kokosöl-Honig-Gemisch zu den trockenen Zutaten und vermische alles gut.

04 Verteile die Granola-Mischung auf einem mit Backpapier ausgelegten Backblech. Backe das Granola für etwa 15–20 Minuten im vorgeheizten Ofen, bis es goldbraun ist. Mische es zwischendurch einmal durch.

05 Lass das Granola vollständig abkühlen und mische dann die getrockneten Erdbeeren und Blüten unter. Fülle das Granola in Vorratsgläser.

REZEPT

ZITRONEN-INGWER-MINZ-LIMONADE

Genieße die perfekte Erfrischung an heißen Sommertagen mit dieser selbstgemachten Zitronen-Limonade, die mit frischer Minze und Ingwer verfeinert ist.

Zutaten für 4 Gläser

- → 4 unbehandelte Zitronen
- → 30 g Ingwer
- → 1 Bund Minze
- → 2 EL Rohrzucker
- → 250 ml Wasser
- → 750 ml Mineralwasser (sprudelnd)
- → Eiswürfel (optional)

So geht's

01 Wasche die Zitronen heiß ab. Schäle Zesten von zwei Zitronen ab. Schneide eine Zitrone in Scheiben. Presse die restlichen Zitronen aus, um etwa 200 ml Saft zu erhalten.

02 Wasche den Ingwer. Schneide 15 g vom Ingwer in kleine Stücke und den restlichen Ingwer in Scheiben. Wasche die Minze, schneide zwei Drittel der Blätter klein und lege den Rest für die Dekoration beiseite.

03 Gib den Zitronensaft, die Zitronenzesten, die Ingwerstücke, die gehackte Minze, den Rohrzucker und 250 ml kaltes Wasser in einen Standmixer und mixe alles fein. Lass die gemixte Mischung anschließend etwa zwei Stunden im Kühlschrank ziehen.

04 Gieße den Zitronen-Limonaden-Ansatz durch ein Sieb in eine Karaffe, fülle mit Mineralwasser auf und serviere die Limonade gut gekühlt, dekoriert mit den restlichen Zitronenscheiben und frischen Minzblättern.

REZEPT

ERDBEER-LIMONADE

Im Frühsommer kannst du deine eigenen Erdbeeren ernten und sie in dieser leckeren Limonade genießen.

Zutaten für 4 Gläser

- → 250 g Erdbeeren
- → 2 Bio-Limetten
- → 2 Zweige Minze
- → 50 ml Wasser
- → 50 g Vanillezucker
- → 500 ml Mineralwasser
- → Eiswürfel

So geht's

01 Erhitze 50 ml Wasser in einem kleinen Topf. Füge den Vanillezucker hinzu und lass ihn unter Rühren auflösen. Die Mischung abkühlen lassen.

02 Wasche die Limetten gründlich und tupfe sie trocken. Halbiere eine Limette, presse den Saft aus. Schneide die andere Hälfte in dünne Scheiben und lege sie beiseite.

03 Wasche die Minze und schüttle sie trocken.

04 Wasche die Erdbeeren und halbiere sie. Lege einige Erdbeeren für die Deko beiseite. Püriere die Erdbeeren in einem Mixer, um Erdbeerpüree herzustellen.

05 Vermenge in einem Krug das Mineralwasser, den Limettensaft, die Vanillezuckerlösung und das Erdbeerpüree.

06 Gib Eiswürfel und die Minzstängel in Gläser und gieße die Erdbeer-Limonade darüber.

07 Garniere die Limonade nach Belieben mit den beiseitegelegten Erdbeeren und Limettenscheiben. Lass sie dir schmecken!

REGISTER

ÜBER DIE AUTORIN

Melanie Kolos lebt in Hessen, in der Nähe von Frankfurt am Main. Ursprünglich stammt sie aus Unterfranken, wo sie ihre Kindheit verbracht hat. Von Beruf ist sie Industriekauffrau und arbeitet in einem großen Unternehmen in Frankfurt. Doch abseits des Berufsalltags hat Melanie eine große Leidenschaft entdeckt: das Gärtnern.

Diese Leidenschaft begann, als sie von einer kleinen Stadtwohnung mit einem winzigen Balkon in ein Reihenhaus mit einem kleinen Garten und einem mittelgroßen Balkon zog. Seit 2018 gärtnert sie auf ihrem Balkon und seit 2021 zusätzlich in ihrem kleinen Garten. Besonders bereichernd war für sie auch ein Saisongarten, den sie 2022 für ein Jahr bewirtschaften konnte.

Im September 2021 hat Melanie ihren Instagram Account @kurz.mal.im.garten gestartet. Die Idee dazu kam ihr, als sie voller Begeisterung ihr erstes Hochbeet baute und den Wunsch verspürte, ihre Erfahrungen zu teilen. Der Account erfreut sich mittlerweile großer Beliebtheit. Melanie postet täglich Bilder, Reels und Stories, die sich rund um das Gärtnern auf kleinstem Raum drehen – sei es auf dem Balkon, der Terrasse oder im kleinen Garten. Außerdem teilt sie DIY-Projekte, Ideen zum Einkochen und einfache Rezepte, um die eigene Ernte optimal zu nutzen.

DANKSAGUNG

Das Schreiben dieses Buches hat mir unglaublich viel Freude bereitet. Die Ideen kamen fast von selbst, und es war eine spannende Reise, sie alle zu Papier zu bringen.

Mein besonderer Dank gilt meinem Lebensgefährten Alexander, der mich auf diesem Weg immer unterstützt und ermutigt hat. Er war nicht nur eine große Hilfe bei den Fotos, sondern stand mir auch mit wertvollen Ratschlägen zur Seite.

Ein Dankeschön geht an Monika, die mich mit ihrem Feedback und ihren hilfreichen Tipps zu den Bildern unterstützt hat.

Meiner Familie danke ich von Herzen, dass sie immer an mich geglaubt hat. Besonders möchte ich den Gärtnerinnen in meiner Familie danken, allen voran meinen Omas, die mir schon in meiner Kindheit die Freude am Gärtnern beigebracht haben. Auch wenn eine meiner Omas nicht mehr da ist, denke ich oft an die schönen gemeinsamen Gartenstunden zurück, die mir bis heute viel bedeuten.

Ein herzlicher Dank gilt meiner Lektorin Saskia Hauck, die diesem Buch den letzten Schliff gegeben hat, und meiner Grafikerin Anna, deren kreative Gestaltung das Buch zu etwas ganz Besonderem gemacht hat. Es war eine Freude, mit euch zusammenzuarbeiten.

Und natürlich ein herzliches Dankeschön an meine Instagram-Community – eure Unterstützung und Begeisterung haben mich sehr motiviert, dieses Buch zu schreiben.

Dieses Buch ist mein erstes, und ich bin dankbar für alle, die mich auf diesem Weg begleitet und unterstützt haben.

IMPRESSUM

Bibliografische Information der Deutschen Bibliothek.

Die Deutsche Bibliothek verzeichnet diese Publikation in der Deutschen Nationalbibliografie. Detaillierte bibliografische Daten sind im Internet über http://www.dnb.de/ abrufbar.

Bei Fragen zur Produktsicherheit wenden Sie sich an

Edition Michael Fischer GmbH
Kistlerhofstr. 70
81379 München
kontakt@emf-verlag.de

EIN BUCH DER EDITION MICHAEL FISCHER

1. Auflage 2025

Cover, Layout & Satz: Anna Fiedler

Redaktion und Lektorat: Saskia Hauck

Fachkorrektorat: Katharina Raub

Bildnachweis:
Illustrationen: © GoodStudio/Shutterstock, © WinWinFolly/Shutterstock, © BigioDesigns/Shutterstock, © Marina Kozlova/Shutterstock, © MH Art/Shutterstock, © RedCloverArt/Shutterstock, © TabitaZn/Shutterstock, © IrDesign90/Shutterstock, © Vectorbum/Shutterstock, © Veranika Dzik/Shutterstock, © Graphic Studio15/Shutterstock, © Johnny Dream/Shutterstock, © Madredus/Shutterstock, © Paladin12/Shutterstock.

ISBN 978-3-7459-2554-8

PNB/P&B: Gedruckt bei PNB Print SIA „Jansili“, Silakrogs, Ropazu novads, LV-2133, Lettland

www.emf-verlag.de